"十四五"职业教育国家规划教材

"十三五"职业教育国家规划教材

"十二五"职业教育国家规划教材
经全国职业教育教材审定委员会审定
高等院校"互联网+"系列精品教材

微控制器的应用
（第3版）

主编 曹金玲 朱水泉

副主编 顾振飞 徐蓁 张明伯

主审 刘松

電子工業出版社
Publishing House of Electronics Industry
北京·BEIJING

内 容 简 介

　　本书是在前两版得到广泛使用的基础上，按照最新的职业教育教学理念，结合国家示范建设教学改革新成果，根据编者长期与企业合作开发项目的经验修订的。全书以职业技能岗位标准来引领课程项目任务，以实际应用的门禁系统、液位控制器和电子密码锁为载体，采用"项目驱动"教学方法，以 AT89S52 单片机为对象，系统介绍工程项目开发的方法及单片机应用技能。本书的主要内容包括单片机基础知识、单片机寻址方式与指令系统、中断与定时、并行输入与输出、串行通信、A/D 和 D/A 转换等。本次修订保留原有内容特色，采用新的教学理念，增加 C 语言基础知识与编程技术，各知识点与项目任务相融合，将学生所学的单片机知识转化为行业实践技能。本书内容通俗易懂，实用性强，贴近职业岗位需求，易于教学。

　　本书为高等职业本专科院校相应课程的教材，也可作为开放大学、成人教育、自学考试、中职学校、培训班的教材，以及项目开发技术人员的参考书。

　　本书配有电子教学课件、练习题参考答案，详见前言。

　　未经许可，不得以任何方式复制或抄袭本书之部分或全部内容。
　　版权所有，侵权必究。

图书在版编目（CIP）数据

微控制器的应用 / 曹金玲，朱水泉主编. —3 版. —北京：电子工业出版社，2021.11
高等院校"互联网+"系列精品教材
ISBN 978-7-121-38045-7

Ⅰ.①微… Ⅱ.①曹… ②朱… Ⅲ.①微控制器－高等学校－教材 Ⅳ.①TP332.3

中国版本图书馆 CIP 数据核字（2019）第 269635 号

责任编辑：桑　昀
印　　刷：天津画中画印刷有限公司
装　　订：天津画中画印刷有限公司
出版发行：电子工业出版社
　　　　　北京市海淀区万寿路 173 信箱　邮编　100036
开　　本：787×1 092　1/16　印张：13.25　字数：340 千字
版　　次：2012 年 7 月第 1 版
　　　　　2021 年 11 月第 3 版
印　　次：2024 年 7 月第 2 次印刷
定　　价：56.00 元

凡所购买电子工业出版社图书有缺损问题，请向购买书店调换。若书店售缺，请与本社发行部联系，联系及邮购电话：(010) 88254888，88258888。
质量投诉请发邮件至 zlts@phei.com.cn，盗版侵权举报请发邮件至 dbqq@phei.com.cn。
本书咨询联系方式：chenjd@phei.com.cn。

前言

单片机自问世以来,在工业控制、交通运输、家用电器、仪器仪表、汽车等领域取得了大量应用成果。即便在嵌入式技术已经广泛普及的今天,51系列单片机仍以其质优价廉、输入/输出端口丰富的特点成为诸多电子系统中最普遍采用的控制手段之一。

我国高职院校的电子信息大类、装备制造大类等众多专业已广泛开设单片机相关课程。天津电子信息职业技术学院单片机课程组结合多年教学改革经验和使用者反馈意见,对原有课程教学内容进行优化,以党的二十大精神为指引,强化现代化建设人才支撑,融入智能电子产业新技术、新产品、新业态等要素,增加课程思政内容,优化课程案例和考核形式。教材内容以相关产业、专业的新发展、新要求为目标,注重理论教学、案例教学和实践教学相融合,在第2版教材特点的基础上优化创新、完善体系,以便更好地适应不同区域的教学状况。

单片机是一门理论性、实践性和综合性都很强的学科,它不仅需要大量的相关硬件电路知识,如模拟电子技术、数字电子技术、电气控制技术等知识,还需要软件编程等技术作为支撑。本书在修订、编写过程中,始终将理论、实验、产品开发三者有机结合,内容从单片机最小应用系统开始,逐步扩展功能,从小到大、从简单到复杂,最终完成单片机的综合训练项目。

本书以AT89S52单片机为对象,重点介绍单片机的应用技术,采用新的教学理念,将各知识点与项目任务相融合,在汇编编程的基础上加入C语言基础知识与编程技术,有利于学生对照学习,提高智能电子产品设计、应用能力。全书共有6章,包含12个项目任务和11个项目训练,内容包括单片机基础知识、单片机寻址方式与指令系统、中断与定时、并行输入与输出、串行通信、A/D和D/A转换等,每章后配有练习题。

本书主要特点有:

(1) 构建以产教融合为基础的教材体系,与行业企业共同确立产业岗位知识技能需求,融入产业技术,选取企业真实产品案例,由学校和企业人员共同编写,通过双核团队共商、共融、共促、共享实现知识、技能、素质同步培养,切实培养学生的产业岗位实践能力。

(2) 构建模块化、项目化、任务式能力训练体系。结合产业产品、产业新业态,将综合能力进行分解、重构,构建涵盖基本能力要素的训练项目,实施进阶式能力训练。通过体系化项目训练,逐步掌握单片机最小系统知识,进而全面掌握单片机系统应用,最终实现单片机综合应用及创新能力培养。

（3）训练项目贯穿教材始终。知识内容从单片机最小系统切入，逐步展开，直至完成门禁系统控制部分、液位控制器和电子密码锁的电路设计。

（4）以门禁系统等真实产品程序为案例，引导对知识点的学习，将企业岗位能力与教学紧密结合，使本书切实融合职业岗位能力要求。

（5）书中融入思政育人，编排内容中专业知识与思政资源相融合，沉浸式融合育人，引导使用者养成新视角、新理念、新方法、新思维，培育使用者的产业热情、爱国情怀、工匠精神、职业荣誉感与创新意识。

本书由天津电子信息职业技术学院曹金玲、朱水泉任主编，由南京信息职业技术学院顾振飞、天津电子信息职业技术学院徐蓁、百科荣创（北京）科技发展有限公司张明伯任副主编，张智彬、吴艳玲、沈庆绪参加编写，由朱水泉负责全书统稿工作，由天津电子信息职业技术学院刘松教授进行主审。

由于时间紧迫和编者水平有限，书中的疏漏之处在所难免，热忱欢迎读者提出批评与建议。

本书配有相关资源，请有需要的教师登录华信教育资源网（http://www.hxedu.com.cn）免费注册后进行下载，如有问题请在网站留言或与电子工业出版社联系（E-mail:hxedu@phei.com.cn）。

编者

扫一扫看教学课件：本课程介绍

扫一扫看本书练习题参考答案

目录

第1章 单片机基础知识 ... 1
学习目标 ... 1
技能目标 ... 1
项目任务1 一只闪光灯电路的设计 ... 2
1.1 单片机的概念及发展 ... 5
1.1.1 单片机的定义 ... 5
1.1.2 单片机的应用领域 ... 7
1.1.3 单片机技术的发展阶段 ... 7
1.2 单片机的结构 ... 8
1.2.1 AT89S52单片机的内部构件 ... 8
1.2.2 AT89S52单片机的引脚功能 ... 13
1.3 单片机最小系统 ... 15
项目训练1 设计一只会闪光的灯 ... 18
项目任务2 数据传送后观察标志位和口地址的变化 ... 18
1.4 熟悉Keil开发平台 ... 21
1.4.1 单片机集成开发环境 ... 21
1.4.2 ISP软件的使用 ... 30
项目训练2 用单片机最小系统设计流水灯电路 ... 31
练习题1 ... 33

第2章 单片机寻址方式与指令系统 ... 36
学习目标 ... 36
技能目标 ... 36
项目任务3 观察单片机存储器及寄存器的变化 ... 37
2.1 片内存储器及特殊功能寄存器 ... 40
2.1.1 单片机寻址方式 ... 40
2.1.2 单片机指令寻址 ... 40
2.1.3 单片机标志位 ... 45
项目训练3 单片机片内数据向片外传送 ... 46
项目任务4 单片机片内数据向片内传送 ... 46
2.2 单片机指令系统的格式与使用方法 ... 47
2.2.1 单片机指令系统的格式 ... 47
2.2.2 单片机指令系统的分类与使用方法 ... 50
2.2.3 单片机C语言基础 ... 64
项目训练4 单片机片外数据向片内传送 ... 69

练习题 2 ·· 69

第 3 章 中断与定时

学习目标 ·· 73
技能目标 ·· 73
项目任务 5 用中断方式控制流水灯的闪烁变化 ·· 74
  3.1 中断 ·· 77
    3.1.1 中断的概念 ·· 77
    3.1.2 中断源与中断向量地址 ·· 78
    3.1.3 中断标志与控制 ·· 79
    3.1.4 优先级结构 ·· 82
    3.1.5 中断系统的初始化及应用 ·· 82
项目训练 5 采用中断方式控制 8 个灯流水方向 ·· 86
项目任务 6 用定时方式实现流水灯的速度变化 ·· 86
  3.2 定时器与计数器 ·· 91
    3.2.1 定时器/计数器的结构与功能 ·· 91
    3.2.2 定时器/计数器控制寄存器 ·· 92
    3.2.3 定时器/计数器的工作方式与程序设计 ·· 94
    3.2.4 定时器/计数器 T2 ·· 101
项目训练 6 简易交通信号灯设计 ·· 103
练习题 3 ·· 104

第 4 章 并行输入与输出

学习目标 ·· 106
技能目标 ·· 106
项目任务 7 用数码管显示多位数字 ·· 107
  4.1 字符显示 ·· 110
    4.1.1 发光二极管及数码管 ·· 110
    4.1.2 七段发光二极管的工作原理 ·· 111
项目训练 7 一位密码锁电路设计与调试 ·· 112
项目任务 8 多位密码锁的开启与关闭 ·· 113
  4.2 矩阵式键盘电路设计 ·· 120
    4.2.1 键盘工作原理 ·· 121
    4.2.2 键盘接口的控制方式 ·· 123
项目训练 8 电子钟设计与实现 ·· 127
练习题 4 ·· 128

第 5 章 串行通信

学习目标 ·· 129
技能目标 ·· 129
项目任务 9 单片机与计算机之间的数字传送显示 ·· 130

5.1 单片机与计算机之间的通信 136
　　　　5.1.1 数据通信的概念与通信方式 136
　　　　5.1.2 串行通信总线标准及其接口 138
　　　　5.1.3 AT89S52 单片机的串行口工作方式 142
　　项目任务 10 单片机与单片机之间的数字传送显示 146
　　5.2 单片机与单片机之间的通信 150
　　项目训练 9 门禁控制系统的设计 151
　　练习题 5 172

第 6 章 A/D 和 D/A 转换 175
　　学习目标 175
　　技能目标 175
　　项目任务 11 水塔液位高度检测 176
　　项目训练 10 简易数字电压表的制作 181
　　6.1 A/D 转换电路 182
　　　　6.1.1 A/D 转换的概念与技术指标 183
　　　　6.1.2 典型 A/D 转换集成芯片——ADC0809 183
　　项目任务 12 设计一个小功率直流电机驱动电路 186
　　项目训练 11 简易波形发生器的设计与制作 188
　　6.2 D/A 转换电路 189
　　　　6.2.1 D/A 转换器的概念与性能指标 189
　　　　6.2.2 典型 D/A 转换集成芯片——DAC0832 189
　　练习题 6 193

附录 A 单片机最小系统开发平台部分模块图 194
附录 B ASCII 字符集 198
附录 C AT89 系列单片机指令集 199
参考文献 204

第 1 章 单片机基础知识

学习目标

- 掌握单片机的概念及特点；
- 了解 AT89S52 单片机结构，掌握内部数据存储器的空间分配和 SFR；
- 掌握 AT89S52 单片机的外部引脚功能及单片机最小应用系统；
- 掌握单片机集成开发环境 Keil μVision2 的使用方法。

扫一扫看教学课件：单片机基础知识

技能目标

- 利用 AT89S52 单片机制作一个简单的实用电路；
- 会使用相应软件对程序进行仿真和调试。

扫一扫看本章测试卷题目

扫一扫看本章测试卷答案

项目任务 1　一只闪光灯电路的设计

在开始学习单片机这门课程之前，我们先看一个案例：现在有一块单片机开发板，接上电源，打开开关，我们看到有一只发光二极管在闪烁，即每隔 0.5 s 发光二极管亮一次，然后灭一次，依此规律循环。单片机是如何控制一只发光二极管（LED）闪烁的呢？本任务要求学生在学习什么是单片机、单片机的结构及单片机最小系统的应用等基础知识后，再动手实施与本案例相类似电路的设计过程。

闪光灯电路是学习单片机的入门知识，可为后续其他章节的学习打基础。

1. 硬件电路设计

闪光灯电路是一种使用 AT89S52 单片机的简单电路，它包含 3 个部分：晶振电路、上电复位电路和用户电路。闪光灯电路原理图如图 1.1 所示。

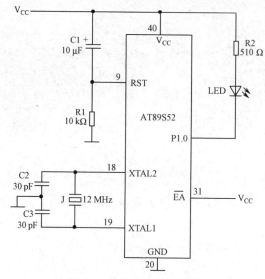

图 1.1　闪光灯电路原理图

由于只使用内部程序存储器，AT89S52 的 $\overline{EA}$ 端接电源正极。

选用驱动能力较强的 P1 端口中的 P1.0 引脚控制一只 LED。当 P1.0 输出为 1 时，LED 无电流，不发光。结合发光二极管电压导通电位，若二极管导通电压为 2 V，V_{CC} 为 5 V，当 P1.0 输出为 0 时，流过 LED 的电流为：

$$I = \frac{V_{CC} - U_{LED} - V_{OL}}{R2} = \frac{5-2-0}{510} \approx 0.0058 \text{ A} = 5.8 \text{ mA}$$

LED 的控制方法：

P1.0=1	LED 灭
P1.0=0	LED 亮

2. 元器件清单

元器件清单如表 1.1 所示。

表 1.1 元器件清单

序号	元器件	数量	数 值	作 用
1	R1	1	10 kΩ	复位电阻
2	R2	1	510 Ω	LED 限流电阻
3	C1	1	10 μF	复位电容
4	C2、C3	2	30 pF	振荡电容
5	J	1	12 MHz	晶振
6	IC1	1	AT89S52	单片机芯片
7	LED	1	红色 φ5	显示器件

3. 软件设计

单片机控制系统与传统的模拟和数字控制系统的最大区别在于：单片机系统除了硬件还必须有程序支持，即设计软件程序。

1）程序设计步骤

（1）分析任务，确定算法和解题思路。

（2）根据算法和解题思路画出程序流程图。

（3）根据流程图编写程序。

（4）上机调试程序。

2）画流程图

（1）流程图的符号如表 1.2 所示。

（2）闪光灯电路的流程图如图 1.2 所示。

表 1.2 流程图的符号

符　号	说　明
▭	开始与结束
◇	判断框
▭	处理框
○	连续符
↓ ↑ ← →	指出流程的走向

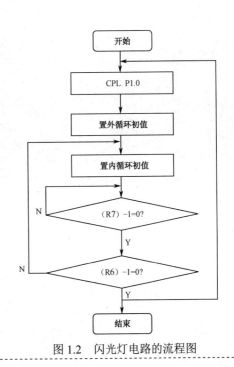

图 1.2 闪光灯电路的流程图

3）程序清单

```
    ORG  0000H
L1: CPL  P1.0
    MOV  R6,#00H    ;1 个机器周期
L2: MOV  R7,#00H    ;1 个机器周期
L3: NOP             ;1 个机器周期
    DJNZ R7,L3      ;2 个机器周期
    DJNZ R6,L2      ;2 个机器周期
    SJMP L1         ;2 个机器周期
    END
```

4）软件延时时间计算方法

根据程序清单可得总延时时间：$1+[1+(1+2)\times 256]\times 256+2\times 256=197\,377$ 个机器周期。
如果振荡频率=6 MHz，即一个机器周期=2 μs，则延时时间为：
$$2\ \mu s\times 197\,377=394\,754\ \mu s=394.754\ ms$$
如果振荡频率=12 MHz，即一个机器周期=1 μs，则延时时间为：
$$1\ \mu s\times 197\,377=197\,377\ \mu s=197.377\ ms$$
调整寄存器 R6 和 R7 的值，可改变延时时间。如果执行指令"MOV R6,#80H"，振荡频率=12 MHz，则延时时间为 $1+[1+(1+2)\times 256]\times 128+2\times 128=98\,689\times 1\ \mu s=98\,689\ \mu s\approx 98.689\ ms$。

5）C 语言程序

```c
#include<reg52.h>              //52 单片机头文件
#define uint unsigned int      //宏定义
#define uchar unsigned char    //宏定义
sbit led1=P1^0;                //单片机管脚位声明
void delay(uint z)             //延时函数,z 的取值为这个函数的延时 ms 数
{                              //delay(500);大约延时 500 ms
    uint x,y;
    for(x=z;x>0;x--)
        for(y=110;y>0;y--);
}
void main()                    //主函数
{
    while(1)                   //大循环
    {
        led1=0;                //点亮小灯
        delay(200);            //延时 200 ms
        led1=1;                //熄灭小灯
        delay(200);            //延时 200 ms
    }
}
```

4．制作与调试

（1）在实验板上按图1.1所示的闪光灯电路原理图安装元器件，元器件清单见表1.1。
（40分）
（2）检查无误后接通电源，观察LED显示情况。（10分）
（3）分析程序中是哪一条指令使LED的状态发生变化（闪光）的。（10分）
（4）画出流程图。（20分）
（5）计算延时时间并编写一个延时12 ms的程序。（20分）

5．成绩评定

小题分值	（1）40分	（2）10分	（3）10分	（4）20分	（5）20分	总分
小题得分						

1.1　单片机的概念及发展

1.1.1　单片机的定义

随着单片机性价比不断提高，应用范围不断扩大，单片机开发可参考的资料、案例日益丰富，开发平台也日臻完善，单片机已不再局限于高端产品中的应用。因此，在新产品开发及老产品改造中将会更广泛地使用单片机技术。

1．单片机的概念与特点

单片微型计算机简称单片机。它是微型计算机发展中的一个重要分支，以其独特的结构和性能，越来越广泛地被应用到工业、农业、国防、网络、通信，以及人们日常工作、生活领域中。

1）什么是单片机

单片机（Single Chip Computer）又称单片微控制器（Microcontroller），它不是完成某一个逻辑功能的芯片，而是将计算机的主要部件集成到一块芯片上。概括地讲，就是一块芯片上集成了计算机的主要功能模块。

单片机主要由中央处理器（CPU）、存储器［随机存储器（RAM）和只读存储器（ROM）］、输入/输出接口、定时器/计数器等部分组成。

它的体积小、质量轻、价格便宜，为学习、应用和开发提供了便利条件。同时，学习使用单片机是了解计算机原理与结构的最佳选择。将单片机装入各种智能化产品中，它便成了嵌入式微控制器（Embedded Microcontroller）。

2）单片机的特点

单片机具有如下特点：
（1）体积小、质量轻。
（2）电源单一、功耗低（突出特点）。许多单片机可在2.2 V的电压下工作，有的能在1.2 V

或 0.9 V 的电压下工作，电流可降为 μA 级。

（3）功能强、价格低，有优异的性能价格比。

（4）元器件全部集成在芯片上，布线短且合理，集成度高。

（5）数据大部分在单片机内传递，运行速度快，抗干扰能力强，可靠性高。

2．单片机的体系结构

单片机的体系结构有两种，一种是传统的冯·诺依曼（John Von Neumann）结构；另一种是哈佛（Harvard）结构。

1）冯·诺依曼结构

计算机的组成结构多数是冯·诺依曼型的，即它是通过执行存储在存储器中的程序而工作的。计算机执行程序自动按序进行，无须人工干预，程序和数据由输入设备输入存储器，执行程序所获得的运算结果由输出设备输出。因此，计算机通常由运算器/控制器、存储器、输入设备和输出设备四部分组成，如图 1.3 所示。

2）哈佛结构

图 1.2 所示为哈佛结构示意图。下面结合图 1.4 简单地介绍其结构特点。

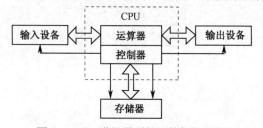

图 1.3 冯·诺依曼型的计算机组成框图

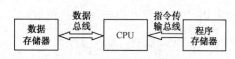

图 1.4 哈佛结构示意图

数据与程序分别存于两个存储器中，这是哈佛结构的重要特点。由图 1.4 可见，系统有两条总线，即数据总线和指令传输总线完全分开。哈佛结构的优点：指令和数据空间是完全分开的，一个用于取指令，另一个用于存取数据。所以，哈佛结构与常见的冯·诺依曼结构不同的第一点是，程序和数据总线可以采用不同的宽度（数据总线都是 8 位的，但低档、中档和高档系列的指令传输总线位数分别为 12、14 和 16 位）；第二点是，由于可以对程序和数据同时进行访问，CPU 的取指令和执行指令采用指令流水线结构，其示意图如图 1.5 所示，当一条指令被执行时允许下一条指令同时被取出，使得每个时钟周期都可以获得最高效率。

图 1.5 指令流水线结构示意图

而在指令流水线结构中，因为取指令和执行指令时间是相互重叠的，所以才可能实现单周期指令。只有涉及改变程序计数器（Program Counter，PC）值的分支程序指令时，才需要两个周期。

在后面的学习中，本书主要介绍的 AT89S52 单片机采用的就是哈佛结构。

1.1.2 单片机的应用领域

单片机是在一块芯片上集成了一台微型计算机所需的 CPU、存储器、输入/输出部件和时钟电路等。它具有体积小、使用灵活、成本低、易于产品化、抗干扰能力强、可在各种恶劣环境下可靠地工作等特点。特别是它的应用面广、控制能力强，使它在家用电器、智能卡、智能仪器仪表、网络与通信、工业控制、外设控制、机器人、军事装置等方面得到了广泛应用。单片机主要可用于以下几方面。

1）家用电器

单片机已广泛应用于家用电器的自动控制中，如洗衣机、空调、电冰箱、彩色电视机、音响设备、手机等。单片机的使用提高了家用电器的性能和质量，降低了家用电器的生产成本和销售价格。

2）智能卡

尽管目前使用的各种卡主要是磁卡和 IC 卡，但是带有 CPU 和存储器的智能卡，已经日益广泛地用于金融、通信、信息、医疗保健、社会保险、教育、旅游、娱乐和交通等各个领域。

3）智能仪器仪表

单片机体积小、耗电少，被广泛用于各类智能仪器仪表中，如智能电度表、智能流量计、气体分析仪、智能电压电流测试仪和智能医疗仪器等。单片机使仪器仪表走向了智能化和微型化，使仪器仪表的功能和可靠性大大提高。

4）网络与通信

许多型号的单片机都有通信接口，可方便地进行机间通信，也可方便地组成网络系统。如单片机控制的无线遥控系统、列车无线通信系统和串行自动呼叫应答系统等。

5）工业控制

单片机可以构成各种工业测控系统、数据采集系统，如汽车安全检测系统、报警系统和生产过程自动控制系统等。

1.1.3 单片机技术的发展阶段

单片机自问世以来，性能就不断提高，并且功能逐渐完善，其资源能满足很多应用场合的要求，应用的领域不断扩展。如今单片机的潜力越来越被人们重视，特别是当前用 CMOS 工艺制成的各种单片机，其具有功耗低、使用的温度范围大、抗干扰能力强、能满足一些特殊场合的要求等特点，更加扩大了单片机的应用范围，也进一步促进了单片机技术的发展。

单片机的发展主要经历了 3 个阶段（以 Intel 公司的产品为例）。

第 1 阶段（1971—1978 年）：初级单片机阶段，以 MCS-48 系列为代表。其有 4 位或 8 位 CPU，并行 I/O 口，8 位定时器/计数器，无串行口，中断处理比较简单，RAM、ROM 容量较小，寻址范围不超过 4KB。

第 2 阶段（1978—1983 年）：单片机普及阶段，以 MCS-51 系列为代表。其有 8 位 CPU，片内 RAM、ROM 容量增大，片外寻址范围可达 64KB，增加了串行口，具有多级中断处理功能、16 位定时器/计数器。

第 3 阶段（1983 年以后）：16 位单片机阶段，以 MCS–96 系列为代表。其有 16 位 CPU，片内 RAM、ROM 容量进一步增大，增加了 A/D 和 D/A 转换器，具有 8 级中断处理功能，实时处理能力更强，它允许用户采用面向工业控制的专用语言，如 C 语言等。

目前，国际市场上 8 位、16 位、32 位系列单片机已有很多，随着单片机技术的不断发展，新型单片机还将不断涌现，单片机技术正以惊人的速度向前发展。

1.2 单片机的结构

下面以 AT89S52 为例来介绍单片机结构。AT89S52 是一个低功耗、高性能的 CMOS 8 位单片机控制器，并且在系统中集成了 8KB 的可编程闪存。AT89S52 兼容标准 80C51 指令集和引脚。AT89S52 是一个功能强大的单片机，具有较高的性价比，可在许多嵌入式控制中应用。

1.2.1 AT89S52 单片机的内部构件

扫一扫看微课视频：单片机的内部结构

AT89S52 单片机内包含下列几个部件：
（1）1 个 8 位 CPU。
（2）1 个片内振荡器及时钟电路。
（3）8 KB 可重复擦写的 Flash 程序存储器。
（4）256 B 片内 RAM。
（5）3 个 16 位定时器/计数器。
（6）32 条可编程的 I/O 线（四个 8 位并行 I/O 口）。
（7）1 个可编程全双工串行口。
（8）6 个中断源、2 个优先级。

AT89S52 单片机的基本结构如图 1.6 所示。

1. CPU

扫一扫看微课视频：CUP 的组成

CPU 是单片机的核心部件，它由运算器和控制器组成。

1）运算器

运算器是以算术逻辑单元 ALU 为核心，加上累加器 ACC、寄存器 B、暂存器、程序状态字 PSW 及十进制调整电路和布尔处理器等许多部件组成的。

（1）8 位算术和逻辑运算的 ALU 单元。

ALU 单元可以对 4 位（半字节）、8 位（一字节）和 16 位（双字节）数据进行操作。完成算术四则运算和逻辑运算，以及位操作、循环移位等逻辑操作，操作结果的状态信息将送至 PSW。

（2）累加器 ACC。

累加器 ACC 在指令中用助记符 A 来表示。A 是一个 8 位寄存器，是 CPU 中工作最繁忙的寄存器。在算术逻辑运算中，它用来存放一个操作数或运算结果（包括中间结果）。在与外部存储器和 I/O 口打交道时，其负责完成数据传送。

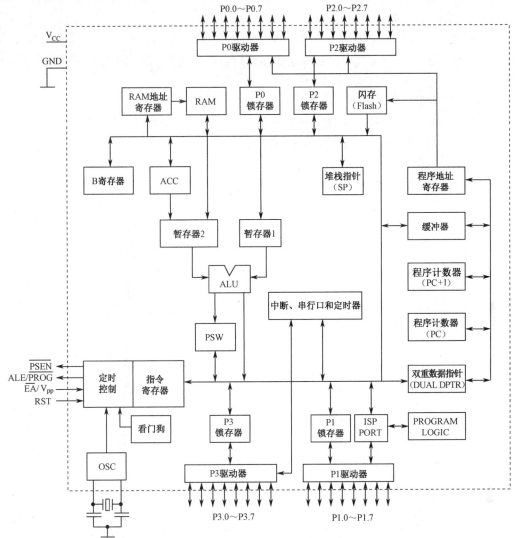

图 1.6 AT89S52 单片机的基本结构

（3）寄存器 B。

寄存器 B 可做通用寄存器，在乘、除法运算中使用。做乘法运算时，寄存器 B 用来存放乘数及积的高位字节；做除法运算时，寄存器 B 用来存放除数及余数；不做乘、除法运算时，寄存器 B 可做通用寄存器。

（4）程序状态字寄存器（PSW）。

PSW 是 8 位寄存器，用于存放当前指令执行后操作结果的某些特征，以便为下一条指令的执行提供依据。PSW 的各位定义如表 1.3 所示。

表 1.3 PSW 的各位定义

位 序	PSW.7	PSW.6	PSW.5	PSW.4	PSW.3	PSW.2	PSW.1	PSW.0
位标志	Cy	AC	F0	RS1	RS0	OV	—	P
位地址	D7H	D6H	D5H	D4H	D3H	D2H	D1H	D0H

① Cy：进位标志位。

在执行某些算术运算和逻辑指令时，Cy 可以被硬件或软件置位或清 0。在算术运算中，它可作为进位标志；在位运算中，它做累加器使用。在位传送、位与及位或等位操作中，都要使用进位标志位。

② AC：辅助进位标志位。

进行加法或减法操作时，当发生低 4 位向高 4 位进位或借位时，AC 由硬件置位，否则 AC 位被置 0。执行十进制调整指令时，将借助 AC 状态进行判断。

③ F0：用户标志位。

该位为用户定义的状态标志，用户根据需要用软件对其置位或清 0，也可以用软件检测 F0 来控制程序的跳转。

④ RS1 和 RS0：寄存器组选择控制位。

此两位通过软件置 0 或 1 来选择当前工作寄存器组，如表 1.4 所示。

CPU 通过对 PSW 中的 D3、D4 位内容的修改，就能任选一个工作寄存器组。例如：

表 1.4 工作寄存器组选择

RS1	RS0	寄存器组	片内 RAM 地址
0	0	第 0 组	00H～07H
0	1	第 1 组	08H～0FH
1	0	第 2 组	10H～17H
1	1	第 3 组	18H～1FH

```
SETB PSW.3
CLR  PSW.4    ;选定第 1 组
SETB PSW.3
SETB PSW.4    ;选定第 3 组
```

若程序中不设定 PSW 寄存器，则为第 0 组，也称为默认值，这个特点使单片机具有快速现场保护功能。需要特别注意的是，如果不加设定，在同一段程序中工作寄存器 R0~R7 只能用一次，若用两次则程序会出错。

⑤ OV：溢出标志位。

当执行算术指令时，在带符号的加减运算中，OV=1 表示有溢出（或借位）。反之，OV=0 表示运算正确，即无溢出产生。

⑥ P：奇偶标志位。

P 用来表示累加器 A 中 1 的个数的奇偶性，它常用于手机通信。若累加器 A 中 1 的个数为奇数，则 P=1，否则 P=0。

（5）布尔处理器。

布尔处理器负责完成布尔代数逻辑运算。

2）控制器

控制器是 CPU 的大脑中枢，是单片机的指挥控制部件。它由程序计数器、指令寄存器（IR）、指令译码器（ID）、数据指针（DPTR）、堆栈指针（SP）及定时控制电路等部件组成，对来自存储器中的指令进行译码，通过定时控制电路在规定的时刻发出各种操作所需的控制信号，使各部分协调工作，完成指令所规定的功能。

（1）程序计数器 PC。

程序计数器 PC 是 16 位专用寄存器，寻址范围为 64KB，用于存放 CPU 执行的下一条指令的地址，具有自动加 1 的功能。当一条指令按照 PC 所指的地址从程序存储器中取出后，PC 会自动加 1，指向下一条指令。

（2）指令寄存器 IR 和指令译码器 ID。

指令寄存器 IR 是 8 位寄存器，用于暂存待执行的指令，等待译码；指令译码器 ID 对指令寄存器中的指令进行译码，即将指令转变为所需的电平信号。

译码器输出的电平信号经定时控制电路控制，即可定时产生执行该指令所需的各种控制信号。

（3）数据指针 DPTR。

数据指针 DPTR 是 16 位专用寄存器。它可以对 64 KB 的外部数据存储器和 I/O 口进行寻址，也可作为两个 8 位寄存器，主要用作外部数据存储器的地址指针。

（4）堆栈指针 SP。

堆栈指针 SP 是 8 位特殊功能寄存器，在片内 RAM（128 B）中开辟栈区，并随时跟踪栈顶地址，它按"先进后出"的原则存取数据，上电复位后，SP 指向 07H。

2．存储器及特殊功能寄存器

AT89S52 外部有两个独立的存储器空间：64 KB 的程序存储器空间和 64 KB 的数据存储器空间。

1）程序存储器

$\overline{EA}$ =0：片内 ROM 不起作用，完全执行片外程序存储器指令。外部 ROM 的地址为 0000H~0FFFFH，可达 64KB。

$\overline{EA}$ =1：执行片内程序存储器指令，地址为 0000H~1FFFH；当指令地址超过 1FFFH 后，自动转向片外 ROM 取指令，地址为 2000H~0FFFFH。

2）数据存储器

数据存储器分为内部数据存储器和外部数据存储器。

（1）内部数据存储器。

AT89S52 有 256B 的片内 RAM，地址空间为 00H~0FFH。其中，低 128B（地址为 00H~7FH）是真正的 RAM 区；高 128B（地址为 80H~0FFH）与片内特殊功能寄存器（SFR）区的地址（80H~0FFH）完全重合，但在物理上是完全独立的，单片机采用不同的寻址方式，以区分这两个重叠的逻辑地址空间。

访问（80H~0FFH）区间的 SFR 时，只能用直接寻址方式。如：

```
MOV 0A0H, #data
```

其中，指令的目的操作数是直接地址，将立即数 "#data" 送入 SFR 中的 0A0H 单元中。

访问（80H~0FFH）区间的片内 RAM 时，只能用间接寻址方式。如：

```
MOV R0, #0A0H
MOV @R0, #data
```

其中，指令的目的操作数是间接地址，将立即数 "#data" 存入片内 RAM 的 0A0H 单元中。堆栈操作是间接寻址的典型例子，因为栈指针 SP 为栈顶单元地址。片内 RAM 的 80H~

0FFH 空间也可作为栈区空间。

AT89S52 片内共有 32 个特殊功能寄存器。表 1.5 列出了 AT89S52 SFR 的地址及复位值。

表 1.5 AT89S52 SFR 的地址及复位值

序号	地址	符号	复位值	说明
1	80H	P0	FFH	P0 口锁存寄存器
2	81H	SP	07H	堆栈指针
3	82H	DP0L	00H	数据指针 DPTR0 低 8 位
4	83H	DP0H	00H	数据指针 DPTR0 高 8 位
5	84H	DP1L	00H	数据指针 DPTR1 低 8 位
6	85H	DP1H	00H	数据指针 DPTR1 高 8 位
7	87H	PCON	0×××　0000B	电源控制寄存器
8	88H	TCON	00H	定时器 0 和 1 的控制寄存器
9	89H	TMOD	00H	定时器 0 和 1 的模式寄存器
10	8AH	TL0	00H	定时器 0 低 8 位
11	8BH	TL1	00H	定时器 1 低 8 位
12	8CH	TH0	00H	定时器 0 高 8 位
13	8DH	TH1	00H	定时器 1 高 8 位
14	8EH	AUXR	×××0 0××0B	辅助寄存器
15	90H	P1	FFH	P1 口锁存寄存器
16	98H	SCON	00H	串行口控制寄存器
17	99H	SBUF	×××× ××××B	串行数据缓冲寄存器
18	0A0H	P2	FFH	P2 口锁存寄存器
19	0A2H	AUXR1	×××× ×××0B	辅助寄存器 1
20	0A6H	WDTRST	×××× ××××B	WDT 复位寄存器
21	0A8H	IE	0×00 0000B	中断允许控制寄存器
22	0B0H	P3	FFH	P3 口锁存寄存器
23	0B8H	IP	××00 0000B	中断优先级控制寄存器
24	0C8H	T2CON	00H	定时器 2 控制寄存器
25	0C9H	T2MOD	×××× ××00B	定时器 2 模式寄存器
26	0CAH	RCAP2L	00H	定时器 2 捕捉/重装寄存器低 8 位
27	0CBH	RCAP2H	00H	定时器 2 捕捉/重装寄存器高 8 位
28	0CCH	TL2	00H	定时器 2 低 8 位
29	0CDH	TH2	00H	定时器 2 高 8 位
30	0D0H	PSW	00H	程序状态字
31	0E0H	ACC	00H	累加器 A
32	0F0H	B	00H	寄存器 B

在 80H~FFH 地址空间中，SFR 并没有被完全占用。对于余留的空间，用户不可使用。
(2) 外部数据存储器。

外部数据存储器的地址范围为 0000H~0FFFFH，可达 64KB，应用 MOVX 指令进行访问。

1.2.2　AT89S52 单片机的引脚功能

AT89S52 单片机的引脚和封装共有四种形式（见图 1.7）。

下面以 40 引脚塑料双列直插式封装（PDIP）芯片为例，介绍各个引脚功能。

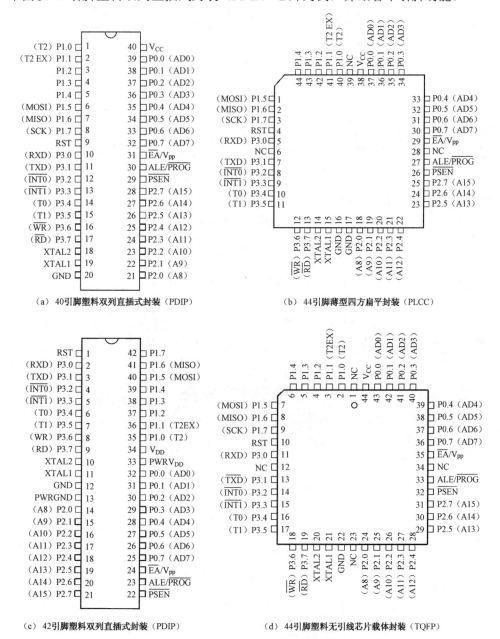

图 1.7　AT89S52 单片机的引脚和封装

1. 电源引脚 V_{CC} 和 GND

① V_{CC}（40）：正常操作时为+5 V 电源。

② GND（20）：接地端。

通常在 V_{CC} 和 GND 引脚之间接 0.1 μF 高频滤波电容。

2. 外接晶振引脚 XTAL1 和 XTAL2

① XTAL1（19）：内部振荡电路反相放大器的输入端，是外接晶体的一个引脚。当采用外部振荡器时，此引脚接地。

② XTAL2（18）：内部振荡电路反相放大器的输出端，是外接晶体的另一引脚。当采用外部振荡器时，此引脚接外部振荡源。

3. 控制或与其他电源复用引脚 RST、ALE/$\overline{PROG}$、$\overline{PSEN}$ 和 $\overline{EA}$/V_{pp}

① RST（9）：当振荡器运行时，在此引脚上出现两个机器周期的高电平（由低到高跳变），从而使单片机复位。

② ALE/$\overline{PROG}$（30）：地址锁存允许/编程脉冲输入。在访问外部程序存储器和外部数据存储器时，该引脚输出一个地址锁存脉冲 ALE，其下降沿可将低 8 位地址锁存于片外地址锁存器中。

在编程时，向该引脚输入一个编程负脉冲 $\overline{PROG}$。

正常操作时为 ALE 功能（允许地址锁存），将地址的低字节锁存在外部锁存器中，ALE 引脚以不变的频率（振荡器频率的 1/6）周期性地发出正脉冲信号。

③ $\overline{PSEN}$（29）：外部程序存储器读选通信号输出端，低电平有效。在从外部程序存取指令（或数据）期间，$\overline{PSEN}$ 在每个机器周期内两次有效。在访问外部数据存储器时，$\overline{PSEN}$ 无效。

④ $\overline{EA}$/V_{pp}（31）：内部程序存储器和外部程序存储器选择端。当 $\overline{EA}$/V_{pp} 为高电平时，访问内部程序存储器；当 $\overline{EA}$/V_{pp} 为低电平时，访问外部程序存储器。

在 Flash 编程时，该引脚可连接 21V 的编程电源 V_{pp}。

4. 输入/输出引脚 P0.0~P0.7，P1.0~P1.7，P2.0~P2.7，P3.0~P3.7

① P0 口（32~39）：一个 8 位漏极开路型双向 I/O 口。

当用作通用 I/O 口时，每个引脚可驱动 8 个 TTL 负载；当用作输入时，每个端口首先置 1。

在访问外部存储器时，它分时传送低字节地址和数据总线，此时，P0 口内含提升电阻。

② P1 口（1~8）：一个带有内部提升电阻的 8 位准双向 I/O 口。

当用作通用 I/O 口时，每个引脚可驱动 8 个 TTL 负载；当用作输入时，每个端口首先置 1。

P1.0 和 P1.1 引脚也可用作定时器 2 的外部计数输入（P1.0/T2）和触发器输入（P1.1/T2EX）。

③ P2 口（21~28）：一个带有内部提升电阻的 8 位准双向 I/O 口，在访问外部存储器时，它输出高 8 位地址。P2 口可以驱动 4 个 TTL 负载。当用作输入时，每个端口首先置 1。

④ P3 口（10~17）：一个带有内部提升电阻的 8 位准双向 I/O 口，能驱动 4 个 TTL 负载。

当用作输入时，每个端口首先置 1。P3 口还有第二功能，如表 1.6 所示。

表 1.6 P3 口的第二功能

引脚	第二功能	说明
P3.0	RXD	串行口输入端
P3.1	TXD	串行口输出端
P3.2	$\overline{INT0}$	外部中断 0 请求输入端
P3.3	$\overline{INT1}$	外部中断 1 请求输出端
P3.4	T0	定时器 0 计数脉冲输入端
P3.5	T1	定数器 1 计数脉冲输入端
P3.6	$\overline{WR}$	片外 RAM 写选通输出端
P3.7	$\overline{RD}$	片外 RAM 读选通输出端

1.3　单片机最小系统

扫一扫看微课视频：单片机的时钟电路

1. 单片机最小系统的组成

所谓最小系统，就是指由单片机和一些基本的外围电路所组成的、一个可以工作的单片机系统。

1）晶振电路

AT89S52 单片机片内有一个由高增益反相放大器构成的振荡电路。XTAL1 和 XTAL2 分别为振荡电路的输入端及输出端。其振荡电路有两种组成方式：片内振荡和片外振荡。

片内振荡如图 1.8（a）所示。在 XTAL1 和 XTAL2 引脚两端跨接石英晶体振荡器和两个微调电容构成振荡电路，通常 C1 和 C2 取 30pF，晶振频率的取值为 1.2～12 MHz。

片外振荡如图 1.8（b）所示。XTAL1 是外部时钟信号的输入端，XTAL2 可悬空。由于外部时钟信号经过片内一个二分频的触发器进入时钟电路，因此对外部时钟信号的占空比没有严格要求，但高、低电平的时间宽度应不小于 20 ns。

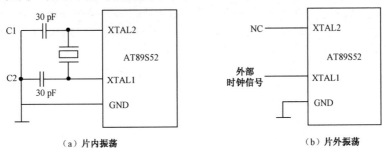

图 1.8　振荡电路

2）CPU 时序的概念

CPU 时序是指 CPU 在执行指令过程中，其控制器所发出的一系列特定控制信号在时间上的相互关系。

时序常用定时单位来说明。时序定时单位共有 4 个：振荡周期、时钟周期、机器周期、指令周期。

（1）振荡周期，是指晶体振荡器直接产生的振荡信号的周期，是振荡频率的倒数。

（2）时钟周期，又称状态周期，用 S 表示，是振荡周期的 2 倍。

$$1\text{个时钟周期}=2\text{个振荡周期}$$

（3）机器周期，是机器的基本操作周期，是时钟周期的 6 倍。

$$1\text{个机器周期}=6\text{个时钟周期}=12\text{个振荡周期}$$

（4）指令周期，是执行一条指令所占用的全部时间。一个指令周期通常由 1～4 个机器周期组成。在 AT89S52 单片机系统中，有单周期指令、双周期指令和四周期指令。

例如，若外接晶振频率 f_{osc}=12 MHz，则 4 个基本周期的具体数值如下：

① 振荡周期=1/12 μs。
② 时钟周期=1/6 μs。
③ 机器周期=1 μs。
④ 指令周期=1～4 μs。

3）复位电路

AT89S52 单片机的复位电路如图 1.9 所示。其作用是在 RST 输入端出现高电平时实现复位和初始化。

在振荡运行的情况下，要实现复位操作，必须使 RST 引脚至少保持 2 个机器周期（24 个振荡周期）的高电平。CPU 在第 2 个机器周期内执行内部复位操作，以后每一个机器周期重复一次，直至 RST 端电平变低。复位期间不产生 ALE 及 $\overline{\text{PSEN}}$ 信号，复位后，各内部寄存器状态如表 1.5 所示。

图 1.9（a）所示为上电自动复位电路。加电瞬间，RST 端的电位与 V_{CC} 相同，随着 RC 电路充电电流的减小，RST 的电位下降，只要 RST 端保持 10 ms 以上的高电平，就能使 AT89S52 单片机有效地复位。当振荡频率选用 6 MHz 时，电容的大小选 22 μF，电阻的大小选 1 kΩ，这样便能可靠地实现上电自动复位。

图 1.9（b）所示为手动复位电路。

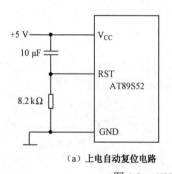
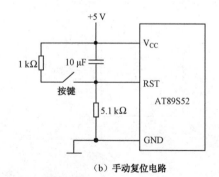

（a）上电自动复位电路　　　　　　　（b）手动复位电路

图 1.9　AT89S52 单片机的复位电路

2. 单片机最小系统常用控制器件

单片机最小系统只是单片机能工作的最低系统，它不能对外完成控制任务，实现人机通信。要进行人机通信还需要一些输入、输出部件，做控制时还要有执行部件。常见的输入部件有开关、按钮、键盘、鼠标等，输出部件有指示灯、数码管、显示器等，执行部件有继电器、光耦、电磁阀等，下面只介绍几个简单的部件。

1）发光二极管

发光二极管常用作指示灯，其正向压降为 1.4～3.0 V，加正向电压发光，反之不发光。一般接法是阳极接高电平，电源正极和阴极接单片机的某一输出口线。当该输出口线为低电平时，指示灯亮；该输出口线为高电平时，指示灯不亮。这样只要编程控制单片机的该输出口线，就可控制指示灯亮或灭。在实际应用中，要尽可能增加电流驱动电路，以便获得更好的效果。

2）继电器

继电器是用低电压控制高电压的器件，它包括线圈、铁芯、衔铁和触点。触点有常开触点、常闭触点之分。在开关特性上有单刀单掷、双刀单掷、单刀双掷、双刀双掷、单刀多掷、双刀多掷之分。图 1.10（a）为继电器的符号，图中只列了四种类型的继电器，方框代表线圈，圆圈代表触点，直线代表刀。左上图为双刀双掷，左下图为单刀单掷，右上图为双刀单掷，右下图为单刀双掷。

工作过程：线圈得电时，常开触点闭合，常闭触点断开；线圈失电时，常开触点断开，常闭触点闭合。电路连接时，由于继电器所需的驱动电流较大，一般情况下需要增加电流放大电路，最简单的电路是将继电器的线圈一端接到相应的正电源上，另一端接到三极管集电极上，三极管的基极接单片机的输出端口，发射极接地，并在继电器的线圈上反并联一个二极管。以单刀单置为例，将 220 V 相线断开接触点两端（相当于在相线上接一个开关），在 220 V 线上再接电气设备。这样用软件控制单片机的该输出口线为高电平时，线圈就得电，常开触点闭合，电气设备工作（设定高电平工作）；用软件控制单片机的该输出口线为低电平时，线圈就失电，常开触点断开，电气设备停止工作（设定低电平停止）。

3）光耦

光耦在电路中起隔离作用，由光作为信号传递媒介，将单片机和外部设备在电气上隔离。光耦可分为三极管型光耦（又分带基极型和不带基极型）、可控硅型光耦（又分单向可控和双向可控）。光耦的工作过程如图 1.10（b）所示：有电流通过内部发光二极管，发光二极管发光，此时该内部三极管导通；无电流通过内部发光二极管，发光二极管不发光，该内部三极管断开。一般接法是内部发光二极管阳极接高电平（电源正极），与单片机同电源；阴极接单片机的某一输出口线，内部三极管对外的两端接外部设备，这就将单片机和外部设备在电气上分隔开来。当用软件控制单片机的该输出口线为低电平时，内部发光二极管发光，所对应的内部三极管导通，外部设备工作（设定低电平工作）；用软件控制单片机的该输出口线为高电平时，内部发光二极管不发光，所对应的内部三极管断开，外部设备停止工作（设定高电平停止）。

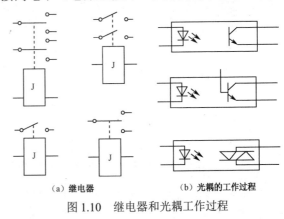

(a) 继电器　　　　　　(b) 光耦的工作过程

图 1.10　继电器和光耦工作过程

项目训练1 设计一只会闪光的灯

1. 训练要求

（1）掌握单片机最小系统硬件电路的组成。
（2）掌握硬件电路的设计方法。

2. 训练目标

用实验板、元器件搭建一个单片机最小系统，控制一只发光二极管，使发光二极管可以亮、灭，延时时间自己设定，I/O 口也自己设定。

3. 工具器材

直流稳压电源、实验板、跳线、元器件等。

4. 实训步骤

（1）用实验板组装最小系统。　　　　　　　　　　　　　　　　　　　　　　（40分）
（2）在计算机中输入程序并调试，记录调试中存在的问题。　　　　　　　　　（20分）
（3）使用下载软件将程序文件传送到实验板中，观察效果。　　　　　　　　　（20分）
（4）写出操作步骤、设计流程。　　　　　　　　　　　　　　　　　　　　　（20分）

5. 成绩评定

小题分值	（1）40	（2）20	（3）20	（4）20	总分
小题得分					

项目任务2 数据传送后观察标志位和口地址的变化

打开计算机，先在桌面上找到 Keil μVision2 图标，然后演示数据传送的操作。本任务要求在单片机最小系统开发平台上，通过 Keil 开发环境建立项目，编程并运行观察寄存器标志位和口地址的变化。

1. 设备要求

（1）装有 Keil μVision2 集成开发环境、编程器软件、在线下载软件的计算机。
（2）单片机最小系统开发平台如图 1.11 所示。

2. 实施步骤

（1）断电，连接计算机、单片机最小系统开发平台。
（2）给计算机和单片机最小系统开发平台通电。
（3）打开计算机，进入 Keil 开发环境。
（4）正确设置通信口，连接好开发环境和单片机最小系统开发平台。

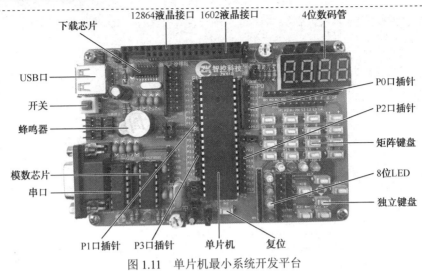

图 1.11　单片机最小系统开发平台

（5）新建一个项目，并将该项目建立在指定的文件夹下。

（6）新建一个文件，存储器的路径与新建的项目相同。

（7）将新建的文件添加到项目中，保存项目，观察项目窗口和编辑窗口的内容。

（8）在编辑窗口中编辑如下程序：

```
        ORG             0000H
        LJMP            MAIN
        ORG 0100H
MAIN:   MOV A,   #34H
        MOV B,   #34H
        MOV P1,  #00H
        MOV P1,  #0FH
        MOV P1,  #0F0H
        SJMP     $
        END
```

（9）对程序进行汇编，观察信息窗口的信息，如果正确，则执行下一步；否则检查并修改错误程序，重新汇编。

（10）生成目标代码，观察信息窗口的信息，如果正确，则执行下一步；否则检查并修改错误程序，重新生成目标代码。

（11）打开下载软件，将生成的目标代码下载到单片机最小系统开发平台上的 CPU 中。

（12）打开查看窗口、AT89S52 SFR 窗口和端口窗口，观察特殊功能寄存器 A、B 和 I/O 口 P1 的初值，并用万用表测试 I/O 口 P1 的各引脚电平。

（13）单步运行程序，在计算机上观察特殊功能寄存器 A、B 和 I/O 口 P1 的变化，测试电路上 I/O 口 P1 的各引脚电平变化，分析原因。

（14）全速运行程序，观察调试环境的变化，观察特殊功能寄存器 A、B 和 I/O 口 P1 的结果，分析原因。

（15）由源程序到十六进制机器代码的操作流程如图 1.12 所示。

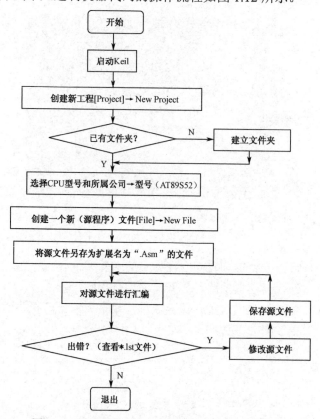

图 1.12 由源程序到十六进制机器代码的操作流程

（16）按表 1.7 中的程序指令，重新操作一遍，单步运行，并将观察的结果填在表中。

表 1.7 数据记录

地址	代码	行号	标号	汇编（伪）指令	注　释
		1		ORG　0000H	
		2	SE01:	MOV　R0,　#00H	
		3		MOV　DPTR,　#2000H	(2000H)送 DPTR
		4	LOO1:	MOV　A, #55H	
		5		MOVX　@DPTR,　A	55 送（DPTR）
		6		INC　R0	字节数加 1
		7		INC　DPTR	字节数加 1
		8		CJNE　R0,　#00H, LOO1	不到 FF 字节再清 0
		9	LOOP:	SJMP　LOOP	
		10		END	

3. 成绩评定

（1）流程图完全符合标准。（10分）
（2）源程序书写格式符合标准。（10分）
（3）源程序正确。（10分）
（4）正确地录入源程序。（10分）
（5）在规定的时间内正确地完成程序的调试与运行。（60分）

小题分值	（1）10	（2）10	（3）10	（4）10	（5）60	总分
小题得分						

1.4 熟悉 Keil 开发平台

扫一扫看仿真操作视频：创建工程并编译

通过对这节内容的学习，要求掌握 Keil μVision2 集成开发环境的基本使用方法；学会使用汇编语言进行程序编辑、汇编与模拟仿真调试；学会在线下载和使用编程器。

1.4.1 单片机集成开发环境

所有的计算机只能识别和执行二进制代码。因此，已写好的单片机源程序汇编语言（或 C 语言）必须先翻译成单片机可识别的目标代码，然后传送到单片机的程序存储器中进行调试，这种翻译工具称为编译器。

本书推荐使用 Keil 中的编译软件 μVision2 作为编译器。

Keil 是美国 Keil Software 公司出品的 51 系列兼容单片机的 C 语言软件开发系统。Keil 软件提供了丰富的库函数和功能强大的集成开发调试工具，全 Windows 操作界面。一般技术人员只要看一下编译后生成的汇编代码，就能体会到 Keil 生成的目标代码效率有多高，多数语句生成的汇编代码很紧凑，容易理解。

μVision2 for Windows 是一个标准的 Windows 应用程序，它是 Keil 的一个集成软件开发平台，具有源代码编辑、Project 管理、集成 Make 等功能，人机界面友好，操作方便。

μVision2 集成开发环境集成了一个项目管理器，一个功能丰富、有错误提示的编辑器，以及设置选项、生产工具、在线帮助等。利用 μVision2 集成开发环境创建用户源代码并把它们组织到一个能确定用户目标应用的项目中之后，μVision2 集成开发环境将自动编译、汇编、连接用户的嵌入式应用，并为用户的开发提供环境。

1. Keil 集成开发平台的使用

1）Keil 集成开发平台界面

打开 Keil 安装文件，双击 setup.exe 文件进行安装，在提示选择 Eval 或 Full 方式时，两者的区别为：选择 Eval 方式安装，有 2KB 大小的代码限制；选择 Full 方式安装，代码量无限制。程序安装完成后，桌面上会出现 Keil μVision2 图标，双击该图标即可启动程序，Keil μVision2 启动后的程序界面如图 1.13 所示。

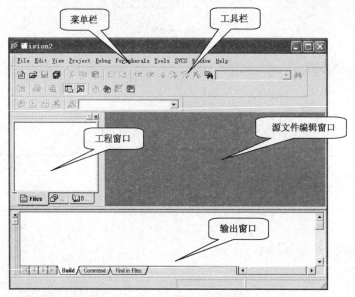

图 1.13 Keil μVision2 启动后的程序界面

Keil μVision2 主要由菜单栏、工具栏、源文件编辑窗口、工程窗口和输出窗口五部分组成。工具栏为一组快捷工具图标，主要包括基本文件工具栏、建造工具栏和调试工具栏。基本文件工具栏包括新建、打开、复制、粘贴等操作。建造工具栏主要包括文件编译、目标文件编译连接、所有目标文件编译连接、目标选项和一个目标选择窗口。调试工具栏位于最后，主要包括一些仿真调试源程序的基本操作，如单步、复位、全速运行等。在工具栏下面，默认有 3 个窗口。左边的工程窗口包含一个工程的目标、组和项目文件。右边为源文件编辑窗口，该编辑窗口实质上是一个文件编辑器，可以在这里对源文件进行编辑、修改、粘贴等。下边的窗口为输出窗口，源文件编译之后的结果将显示在输出窗口中，会出现通过或错误（包括错误类型及行号）提示。如果通过，则可以生成".HEX"格式的目标文件，用于仿真或烧录芯片。Keil 开发过程如下。

（1）建立一个工程项目，选择芯片，确定选项。
（2）建立汇编源文件。
（3）用项目管理器生成各种应用文件。
（4）检查并修改源文件中的错误。
（5）编译连接通过后进行软件模拟仿真。
（6）编译连接通过后进行硬件模拟仿真。
（7）编程操作。
（8）应用。

2）导入需要仿真的程序

将".Asm"格式文件导入 Keil 中并编译，操作过程如下。
（1）建立一个工程项目。

建立一个工程项目如图 1.14 所示。选择"Project"菜单，在弹出的下拉菜单中选择"New Project"选项，打开"新建工程"对话框，如图 1.15 所示。在"文件名"一栏中输入项目名

"流水灯",选择保存路径(可在"我的文档"中先建立一个同名的文件夹),选择完成后单击"保存"按钮。

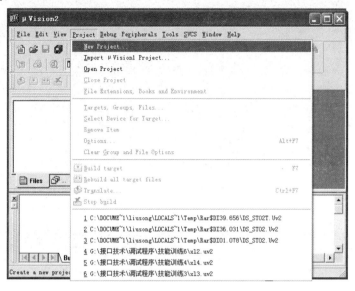

图1.14 建立一个工程项目

(2)芯片选择。

在弹出的"Select Device for Target' Target 1'"(为目标 Target 1 选择设备)对话框中单击"Atmel",选择"AT89S52"单片机后单击"确定"按钮。芯片选择如图 1.16 所示。

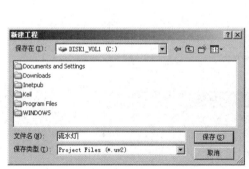

图1.15 "新建工程"对话框

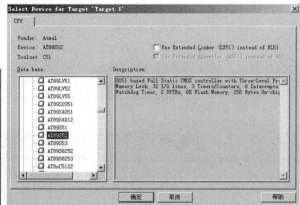

图1.16 芯片选择

(3)属性设置。

选择菜单栏中的"Project"选项,在弹出的下拉菜单中选择"Options for Target' Target 1'"选项,出现如图 1.17 所示的界面,首先在"Xtal(MHz)"(晶振频率)栏中设定仿真器的晶振频率,软件默认为 24 MHz。现设定晶振频率为 11.059 2 MHz,因此要将 24.0 改为 11.059 2。

然后选择"Output"选项卡,勾选"Create HEX File"(建立 HEX 格式文件)复选框,如图 1.18 所示。其他采用默认设置,设定完成后单击"确定"按钮。

接下来单击"Debug"选项卡,选中"Use:Keil Monitor-51 Driver"选项,选中后单击"Settings"(设置)按钮,如图 1.19 所示。

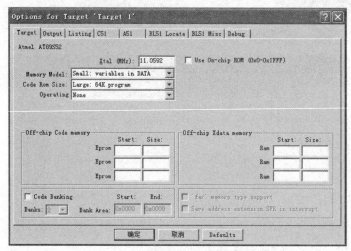

图1.17 "Options for Target' Target 1'"界面

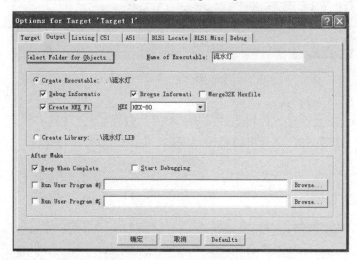

图1.18 "Output"选项卡

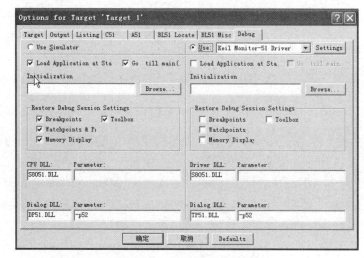

图1.19 "Debug"选项卡

(4）建立源程序文件。

选择主菜单栏中的"File"选项，先在下拉菜单中选择"New"（新建），然后在编辑窗口中输入源程序，如图 1.20 所示。

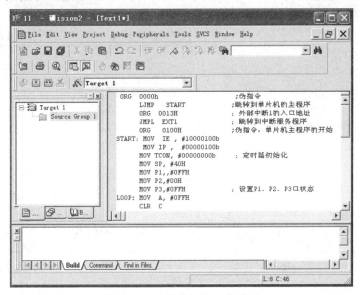

图 1.20　建立源程序文件界面

（5）添加文件到当前项目组中。

单击工程窗口中"Target 1"前的"+"符号，出现"Source Group 1"后再单击，选中该选项后右击，在出现的菜单中选择"Add Files to Group' Source Group 1'"（添加文件到 Source Group 1 中），如图 1.21 所示。在增加的文件窗口中选择刚才以 Asm 格式编辑的文件（流水灯.Asm），单击"Add"按钮，这时"流水灯.Asm"文件便加入 Source Group 1 这个组里了（见图 1.22），操作完成后关闭此对话框窗口。

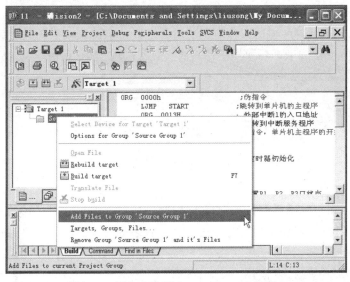

图 1.21　添加文件到 Source Group 1 界面 1

(6) 编译文件。

选择主菜单栏中的"Project",在下拉菜单中选中"Rebuild all target files"(重新构造所有目标文件),这时在输出窗口中出现源程序的编译结果,如图 1.23 所示。如果编译出错,在输出窗口中将提示错误的类型和行号。

图 1.22 添加文件到 Source Group 1 界面 2　　　图 1.23 编译文件界面

如果出现错误,可以根据输出窗口的提示修改源程序,直至编译通过,编译通过后将输出一个以.HEX 为扩展名的目标文件,如"流水灯.HEX"。

2. Keil 程序调试

1) 程序调试时的常用窗口

Keil 软件在调试程序时提供了多个窗口,主要包括输出窗口(Output Window)、观察窗口(Watch&Call Statck Window)、存储器窗口(Memory Window)、反汇编窗口(Dissambly Window)、串行窗口(Serial Window)等。进入调试模式后,可以通过菜单"View"下的相应命令打开或关闭这些窗口。

图 1.24 所示为调试程序窗口,各窗口的大小可以使用鼠标调整。进入调试程序后,输出窗口自动切换到 Command 页,该页用于输入调试命令和输出调试信息。

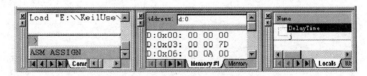

图 1.24 调试程序窗口

(1) 存储器窗口。

存储器窗口中可以显示系统各种内存中的值,通过在 Address 后的编辑框内输入"字母:数字",即可显示相应内存值,以下是字母、数字代表的含义。

C:代码存储空间。

D:直接寻址的片内存储空间。

I:间接寻址的片内存储空间。

X：扩展的外部 RAM 空间。
"数字"：想要查看的地址。

如输入"D：0"即可观察到从地址 0 开始的片内 RAM 单元值。输入"C：0"即可显示从 0 开始的 ROM 单元中的值，即查看程序的二进制代码。

该窗口的显示值可以以各种形式显示，如十进制、十六进制、字符型等，改变显示方式的方法是单击鼠标右键，在弹出的快捷菜单中进行选择。

第一部分有多个选择项，其中，Decimal 项是一个开关，如果选中该项，则窗口中的值将以十进制的形式显示，否则按默认的十六进制形式显示。Unsigned 和 Signed 后分别有三个选项：Char、Int、Long。它们分别代表以单字节方式显示、将相邻双字节组成整型数方式显示、将相邻四字节组成长整数型方式显示。右击可以修改指定空间的内容，在间格处右击即可，如　图 1.25 所示。

（2）工程窗口寄存器页。

图 1.26 所示为工程窗口寄存器页，该寄存器页包括了当前的工作寄存器组和系统寄存器组。系统寄存器组有一些是实际存在的寄存器，如 A、B、SP、DPTR、PSW 等，有一些是实际中并不存在或虽然存在却不能对其操作的，如 PC、States 等。每当程序执行到对某寄存器的操作时，该寄存器会以反色（蓝底白字）显示，单击之后按下 F2 键，即可修改该值。

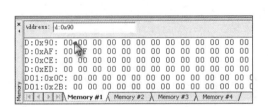

图 1.25　存储器窗口

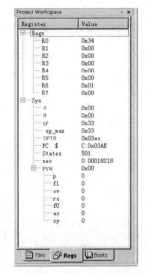

图 1.26　工程窗口寄存器页

（3）观察窗口。

观察窗口是很重要的一个窗口，工程窗口中仅可以观察到工作寄存器和有限的寄存器，如 A、B、SP 等，如果需要观察其他寄存器的值或在高级语言编程时需要直接观察变量，就要借助观察窗口了。

其他窗口将在下面的实例中介绍。

2）各种窗口在程序调试中的用途

打开一个已经编译通过的单片机项目，单击"Debug"，在弹出的下拉菜单中选择"Start/Stop Debug Session"，这个命令可以打开调试，也可以关闭调试。程序调试界面如图 1.27 所示。

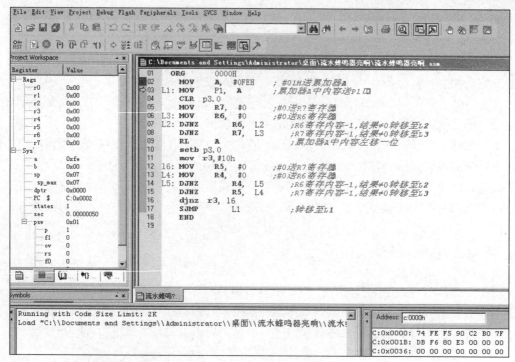

图 1.27 程序调试界面

（1）Project Workspace。

在图 1.27 中左侧的"Project Workspace"下，"Register"是片内内存的相关值，"Value"是系统中一些累加器、计数器等的值。

（2）端口的设置。

虽然软件调试无法实现硬件调试那样的信号输出，但是可以通过软件窗口的模拟监测输出信号的高低电平及单片机相关端口的变化。

如图 1.28 所示，Port 0、Port 1、Port 2、Port 3 就对应单片机的四个口 P0、P1、P2、P3，共 32 个引脚。

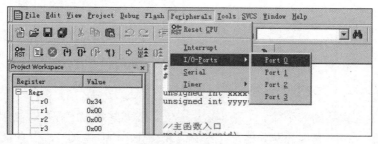

图 1.28 I/O 口界面

I/O 口全部打开后的界面如图 1.29 所示。

（3）输入值的设置。

选择"Peripherals"下拉菜单中的"Interrupt"选项，可以打开输入值预设窗口，如图 1.30 所示。

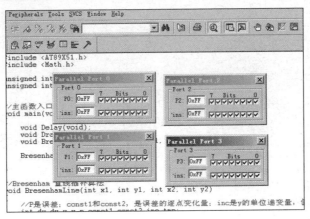

图 1.29　I/O 口全部打开后的界面

选择不同的"Int Source"会有不同的"Selected Interrupt"的变化，可通过选择预设值达到模拟输入的目的。Interrupt System 窗口如图 1.31 所示。

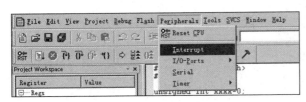

图 1.30　输入值预设窗口

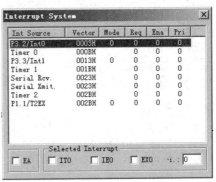

图 1.31　Interrupt System 窗口

（4）串行口设置。

串行口设置窗口如图 1.32 所示。

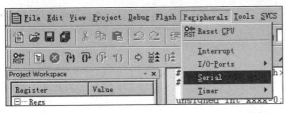

图 1.32　串行口设置窗口

（5）定时器的设置。

定时器的设置窗口如图 1.33 所示。

图 1.33 中有 3 个定时器与 1 个看门狗，定时器的数量与工程选择的单片机种类有关，如果选择 8051，那就只有 2 个定时器，如果选择 8052，那就有 3 个定时器。

定时器参数设置窗口如图 1.34 所示。

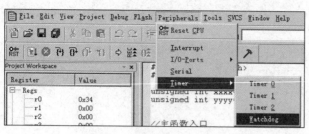

图 1.33　定时器的设置窗口

图 1.34　定时器参数设置窗口

（6）常用的调试按钮。

常用的调试按钮的功能介绍如下。

　　：Reset，相当于单片机最小系统的复位按钮，按下后，所有的系统状态将变成初始状态。

　　：全速运行，相当于单片机的通电执行。

　　：停止全速运行。

　　：进入循环并单步执行。

　　：跳过循环并单步执行。

　　：跳出单步执行过程。

　　：执行到断点处。可以在代码所在窗口的最左边右击插入一个断点。利用这个功能，可以监控要执行到某位置时系统的状态。

　　：Disassembly Windows，按下后可以将 C51 Disassembly 编译为相应的汇编语言。由于汇编的效率高，因此也可以作为查看 C51 执行效率的一个方法。

1.4.2　ISP 软件的使用

打开完成下载软件的界面如图 1.35 所示。双击目录中的安装程序 IspPgm.exe，进入图 1.36 所示的下载软件操作界面。

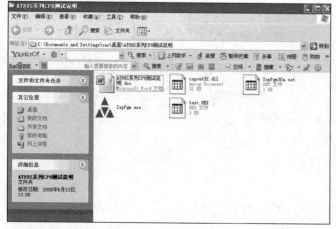

图 1.35　打开完成下载软件的界面

图 1.36　下载软件操作界面

使用 ISP 软件的过程如下。

（1）芯片选择：单击界面芯片选择窗口的下拉按钮，选择编程芯片的型号。

（2）导入 HEX 格式文件到缓冲区：单击界面上的"Open File"按钮，选择本目录下的 HEX 格式文件。

（3）向芯片写入文件：单击界面上的"Write"按钮，开始编程向芯片写入程序。

（4）程序写入完成：出现如图 1.37 所示的界面时表示程序写入完成。

（5）退出程序：单击界面右上角的"关闭"按钮，退出此程序。

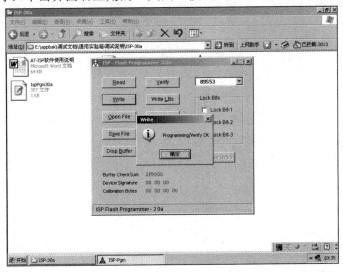

图 1.37　下载软件操作完成界面

项目训练 2　用单片机最小系统设计流水灯电路

1．训练要求

（1）掌握单片机中输出端口的控制方法。

（2）掌握循环的分析方法。

2．训练目标

用单片机控制 8 只并排的发光二极管（D1~D8），使各发光二极管从 D1 开始点亮并延时熄灭，然后点亮下一只发光二极管，8 只发光二极管都点亮熄灭后再从 D1 开始重复循环。这种显示方式下的发光二极管俗称为流水灯。

3．工具器材

直流稳压电源、实验板、跳线、发光二极管等。

4．硬件原理图

流水灯硬件原理电路图如图 1.38 所示。

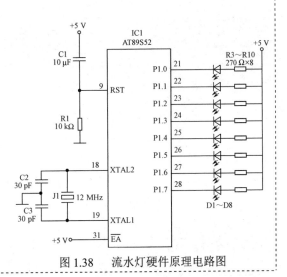

图 1.38　流水灯硬件原理电路图

最小系统实验板中 P1 口和 8 只发光二极管连接。根据电路可知，P1 口各位为低电平时，对应的发光二极管亮；反之，发光二极管灭。编程实现流水灯的变化，分别用两种语言编写程序如下。

（1）汇编语言程序：

```
        ORG      0000H
        MOV      A,#0FEH      ;#0FEH 送累加器 A
L1:     MOV      P1,A         ;累加器 A 中的内容送 P1 口
        MOV      R7,#0        ;#0 送 R7 寄存器
L3:     MOV      R6,#0        ;#0 送 R6 寄存器
L2:     DJNZ     R6,L2        ;R6 寄存内容-1，结果不等于 0 转移至 L2
        DJNZ     R7,L3        ;R7 寄存内容-1，结果不等于 0 转移至 L3
        RL       A            ;累加器 A 中的内容左移一位
        SJMP     L1           ;转移至 L1
        END                   ;结束
```

（2）C语言程序：

```c
#include<reg52.h>              //52 单片机头文件
#include <intrins.h>           //包含左右循环移位子函数的库
#define uint unsigned int      //宏定义
#define uchar unsigned char    //宏定义
void delay(uint z)             //延时函数
{
    uint x,y;
    for(x=z;x>0;x--)
        for(y=110;y>0;y--);
}
void main()                    //主函数
{
    uchar a;
    a=0xfe;
    while(1)                   //大循环
    {
        P1=a;                  //点亮小灯
        delay(500);            //延时 500 ms
        P1=0xff;               //熄灭小灯
        delay(500);            //延时 500 ms
        a=_crol_(a,1);         //将 a 变量循环左移一位
    }
}
```

AT89S52 单片机端口的驱动能力有限，为了提高其驱动能力，在 CPU 输出端口上增加了 1 片 ULN2803 芯片作为驱动器。

ULN2803 芯片是具有 8 个达林顿电路的集成芯片，其功能为 8 位反向驱动器。其中达林顿管集电极的输出端最大灌电流为 500 mA，输出端最大耐压为 50 V，其外部引脚如图 1.39 所示。

由于 ULN2803 芯片为反向驱动器，因此当 CPU 输出为"1"时，ULN2803 芯片的输出为"0"，发光二极管亮；而当 CPU 输出为"0"时，ULN2803 芯片的输出为"1"，发光二极管灭。

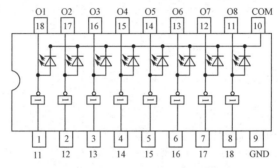

图 1.39　ULN2803 芯片的外部引脚

5．训练步骤

（1）在开发板上用杜邦线按原理图连接，电路如图 1.38 所示。　　　　　　（20 分）

（2）在计算机中输入并调试程序，记录调试中出现的问题。　　　　　　　（20 分）

（3）使用下载软件将程序文件传送到实验板中，观察流水灯效果。　　　　（10 分）

（4）如果需要加快流水灯的流动速度，需要如何修改程序？如何修改程序使流水灯的流动方向相反？如果要降低流动速度，需要如何修改程序？修改程序，并观察结果。

（30 分）

（5）如果在 P1 口和 8 只发光二极管之间加 1 片 ULN2803 芯片，如何编程实现流水灯的变化？修改程序，并观察结果。　　　　　　　　　　　　　　　　　　（20 分）

6．成绩评定

小题分值	(1) 20	(2) 20	(3) 10	(4) 30	(5) 20	总分
小题得分						

练 习 题 1

一、选择题

1．在 CPU 内部，反映程序运行状态或运算结果特征的寄存器是（　　）。

　　A．PC　　　　　　B．PSW　　　　　　C．A　　　　　　D．SP

2．在家用电器中使用单片机属于计算机的（　　）。

　　A．辅助工程应用　　　　　　　　　B．数值计算应用

C. 控制应用　　　　　　　　　　　D. 数据处理应用

3. 当标志寄存器 PSW 的 RS0 和 RS1 分别为 1 和 0 时，系统选用的工作寄存器组为（　　）。
　　A. 组 0　　　　B. 组 1　　　　C. 组 2　　　　D. 组 3

4. 在 AT89S52 单片机中，唯一一个用户可使用的 16 位寄存器是（　　）。
　　A. PSW　　　　B. DPTR　　　　C. ACC　　　　D. PC

5. 二进制数 1 1001 0010 对应的十六进制数为（　　）。
　　A. 192H　　　　B. C90H　　　　C. 1A2H　　　　D. CA0H

6. 二进制数 1 1011 0110 对应的十六进制数为（　　）。
　　A. 1D3H　　　　B. 1B6H　　　　C. DB0H　　　　D. 666H

7. −3 的补码是（　　）。
　　A. 1000 0011　　B. 1111 1100　　C. 1111 1110　　D. 1111 1101

8. CPU 的主要组成部分为（　　）。
　　A. 运算器和控制器　　　　　　B. 加法器和寄存器
　　C. 运算器和寄存器　　　　　　D. 存放上一条的指令地址

9. 计算机的主要组成部件为（　　）。
　　A. CPU、内存、I/O 口　　　　B. CPU、键盘、显示器
　　C. 主机、外部设备　　　　　　D. 以上都是

10. AT89S52 单片机是（　　）位的 CPU。
　　A. 16　　　　B. 4　　　　C. 8　　　　D. 准 16

11. 对于 AT89S52 单片机来说，$\overline{EA}$ 引脚总是（　　）。
　　A. 接地　　　　B. 接电源　　　　C. 悬空　　　　D. 不用

12. 单片机应用程序一般存放在（　　）中。
　　A. RAM　　　　B. ROM　　　　C. 寄存器　　　　D. CPU

13. 单片机上电或复位后，工作寄存器 R0 是在（　　）。
　　A. 0 组 00H 单元　　　　　　B. 0 组 01H 单元
　　C. 0 组 09H 单元　　　　　　D. SFR

14. 进位标志 Cy 在（　　）中。
　　A. 累加器 A　　　　　　　　B. 算术逻辑运算部件 ALU
　　C. 程序状态字寄存器 PSW　　D. DPTR

15. 单片机 AT89S52 的 XTAL1 和 XTAL2 两个引脚是（　　）引脚。
　　A. 外接定时器　　B. 外接串行口　　C. 外接中断　　D. 外接晶振

16. 十进制数 126 对应的十六进制数为（　　）。
　　A. 8F　　　　B. 8E　　　　C. FE　　　　D. 7E

17. 十进制数 89.75 对应的二进制数为（　　）。
　　A. 1000 1001.0111 0101　　　B. 100 1001.10
　　C. 0101 1001.11　　　　　　D. 1001 1000.11

18. 在单片机中，通常将一些中间计算结果放在（　　）中。
　　A. 累加器　　B. 控制器　　C. 程序存储器　　D. 数据存储器

19. 程序计数器 PC 用来（　　）。
    A．存放指令　　　　　　　　　B．存放正在执行的指令地址
    C．存放下一条的指令地址　　　D．存放上一条的指令地址
20. 在 AT89S52 单片机中，片内 RAM 共有（　　）字节。
    A．128　　　　　B．256　　　　　C．4K　　　　　D．64K

二、问答题

1．AT89S52 单片机的 $\overline{EA}$ 引脚有何功能？在使用 AT89S52 单片机时，$\overline{EA}$ 引脚应如何处理？

2．请说明 AT89S52 单片机片内 RAM 低 128 字节和高 128 字节的用途。

3．什么是振荡周期、时钟周期、机器周期、指令周期？它们之间的关系如何？

三、编程题

试编写一段延时 12 ms 的程序，并画出流程图。

第 2 章 单片机寻址方式与指令系统

学习目标

> 熟练掌握 AT89S52 单片机的寻址方式和指令系统；
> 能编写简单、完整的程序；
> 掌握单片机的标志位。

扫一扫看教学课件：单片机寻址方式与指令系统

技能目标

> 能够对工作任务进行分析，找出相应算法，绘制流程图；
> 能够根据流程图编写程序；
> 会使用 Keil μVision2 集成开发环境观察与修改存储器。

扫一扫看本章测试卷题目

扫一扫看本章测试卷答案

项目任务 3　观察单片机存储器及寄存器的变化

在 Keil μVision2 集成开发环境下，在编辑窗口编辑给定程序，观察片内 RAM 工作寄存器区、片内 RAM 位寻址区、RAM 间接与直接寄存器区、片内 RAM 间接寻址区、片内 RAM 特殊功能寄存器区、片外 RAM 区（XRAM）的数据，并根据要求进行修改，说明每条指令的寻址方式。

1．设备要求

（1）装有 Keil μVision2 集成开发环境、编程器软件、在线下载软件的计算机。
（2）单片机最小系统开发平台。

2．实施步骤

（1）打开计算机，进入 Keil 开发环境。
（2）新建一个项目，并将该项目建立在指定的文件夹下。
（3）新建一个文件，存储器的路径与刚才建的项目相同。
（4）将新建的文件添加到项目中，保存项目，观察项目窗口和编辑窗口的内容。
（5）在编辑窗口编辑表 2.1 中的程序，并将观察结果填入表 2.1。

表 2.1　机器码表

程　　序	在 ROM 中的地址	机　器　码
ORG　0000H		
LJMP　MAIN		
ORG　0100H		
MAIN: MOV R0,#48H		
MOV R1,#65H		
LJMP　MAIN		
END		

（6）对程序进行汇编，观察信息窗口的信息，如果正确，执行下一步；否则检查并修改错误程序，重新汇编。
（7）按照要求观察寄存器数据并记录在表中。
① 对片内 RAM 工作寄存器区的观察与修改。
片内 RAM 工作寄存器区地址为 00H～1FH，观察与修改步骤如下。
- 打开寄存器窗口、RAM 窗口和 SFR 窗口进行观察。
- 把观察结果填入表 2.2。
- 在片内 RAM 工作寄存器区直接修改 00H 和 01H 单元内容为 78H、59H，观察并记录寄存器 R0、R1 的变化，说明原因。

表2.2 寄存器窗口、RAM 窗口和 SFR 窗口内容观察结果

程 序	寄存器窗口		RAM 窗口		SFR 窗口	
	执行前	执行后	执行前	执行后	执行前	执行后
LJMP MAIN	(R0) = (R1) =	(R0) = (R1) =	(00H) = (01H) =	(00H) = (01H) =	(PC) =	(PC) =
MAIN: MOV R0,#78H	(R0) = (R1) =	(R0) = (R1) =	(00H) = (01H) =	(00H) = (01H) =	(PC) =	(PC) =
MOV R1,#59H	(R0) = (R1) =	(R0) = (R1) =	(00H) = (01H) =	(00H) = (01H) =	(PC) =	(PC) =
LJMP MAIN	(R0) = (R1) =	(R0) = (R1) =	(00H) = (01H) =	(00H) = (01H) =	(PC) =	(PC) =
END						

- 在"MOV R0,#78H"指令前加入 2 条指令，观察变化情况，将观察结果填入表 2.3。

表 2.3 工作寄存器区观察结果

程 序	寄存器窗口		RAM 窗口			
	执行前	执行后	执行前	执行后	执行前	执行后
MAIN: SETB RS0	(R0) = (R1) =	(R0) = (R1) =	(00H) = (01H) =	(00H) = (01H) =	(08H) = (09H) =	(08H) = (09H) =
CLR RS1	(R0) = (R1) =	(R0) = (R1) =	(00H) = (01H) =	(00H) = (01H) =	(08H) = (09H) =	(08H) = (09H) =
MOV R0, #78H	(R0) = (R1) =	(R0) = (R1) =	(00H) = (01H) =	(00H) = (01H) =	(08H) = (09H) =	(08H) = (09H) =
MOV R1, #59H	(R0) = (R1) =	(R0) = (R1) =	(00H) = (01H) =	(00H) = (01H) =	(08H) = (09H) =	(08H) = (09H) =
LJMP MAIN						
END						

② 片内 RAM 位寻址区的观察结果与内容修改。

片内 RAM 位寻址区的地址为 20H～2FH，观察与修改步骤如下：

- 建一个新项目，再建一个新文件放在项目的目录中。
- 按表 2.4 输入程序并编译，打开寄存器窗口、RAM 窗口和 SFR 窗口观察。
- 观察并将结果填入表 2.4 中。
- 执行"MOV R0，20H"指令前，在 RAM 窗口先直接将 20H 单元的内容修改为 05H，再执行该指令，结果怎样？

表 2.4　位寻址区观察结果

程　　序	RAM区预期结果	RAM区实际观察结果		寻址方式	
		执行前	执行后	位寻址	字节寻址
ORG　0000H					
LJMP　MAIN					
ORG　0100H					
MAIN: MOV 20H,#00H	(20H)=	(20H)=	(20H)=		
MOV 21H, #00H	(21H)=	(21H)=	(21H)=		
SETB　20H.0	(20H)=	(20H)=	(20H)=		
CLR　20H.0	(20H)=	(20H)=	(20H)=		
SETB　00H	(20H)=	(20H)=	(20H)=		
CLR　00H	(20H)=	(20H)=	(20H)=		
SETB　20H.1	(20H)=	(20H)=	(20H)=		
CLR　20H.1	(20H)=	(20H)=	(20H)=		
SETB　01H	(20H)=	(20H)=	(20H)=		
CLR　01H	(20H)=	(20H)=	(20H)=		
SETB　21H.7	(21H)=	(21H)=	(21H)=		
CLR　21H.7	(21H)=	(21H)=	(21H)=		
SETB　0FH	(21H)=	(21H)=	(21H)=		
CLR　0FH	(21H)=	(21H)=	(21H)=		
MOV R0, 20H	(R0)=	(R0)=	(R0)=		
LJMP　MAIN					
END					

3．成绩评定

（1）正确录入源程序。

（2）在规定的时间内正确完成程序的调试与运行。

（3）表格数据正确。

小题分值	表2.1（20）	表2.2（20）	表2.3（30）	表2.4（30）	总分
小题得分					

2.1 片内存储器及特殊功能寄存器

2.1.1 单片机寻址方式

寻址方式是指 CPU 寻找操作数或操作数地址的方法。具体来说，寻址方式就是如何找到存放操作数的地址，将操作数提取出来的方法。它是计算机的重要性能指标之一，也是汇编语言程序设计中最基本的内容之一。如完成"5+8=13"这种简单运算，在计算机中加数和被加数存放在什么地方？CPU 如何得到它们？运算结果存放在什么地方？这些就是寻址问题。实际上，计算机执行寻址的过程是不断地寻找操作数并进行操作的过程。一般来讲，寻址方式越多，计算机的寻址能力就越强，但指令系统也就越复杂。

AT89S52 单片机的寻址方式共有 7 种：立即寻址、直接寻址、寄存器寻址、寄存器间接寻址、变址寻址、相对寻址和位寻址。

2.1.2 单片机指令寻址

存放指令代码的地址称为指令地址。指令存放在程序存储器中，是按顺序存放的，执行时也是按指令地址顺序执行的，除非是转移指令。

存放数据的地址称为操作数地址。数据的存放是任意、无规律的。

操作数的来源有以下几种。

（1）操作数在指令中。
（2）操作数在存储器中。
（3）操作数在寄存器中。
（4）操作数在 I/O 口中。

因为 AT89S52 单片机与 MCS-51 单片机指令系统兼容，故下面介绍 AT89S52 单片机的指令及寻址方式。

1. 立即寻址

立即寻址是指操作数在指令操作数域直接给出，指令操作码后面紧跟的是一字节或两字节操作数，用"#"号表示，以区别直接地址。

> **实例 2.1** 执行指令：
>
> MOV　A, 25H　　;A←(25H)
> MOV　A, #25H　 ;A←25H
>
> 前者表示把片内 RAM 中 25H 这个单元的内容送累加器 A，而后者则是把 25H 这个数本身送累加器 A，如图 2.1 所示。请注意注释中加圆括号与不加圆括号的区别。

> **实例 2.2** AT89S52 单片机有一条指令要求操作码后面紧跟的是两字节立即数，如下所示。
>
> MOV　DPTR, #DATA16
> MOV　DPTR, #1856H　　;DPTR←1856H
>
> 因为这条指令包括两字节立即数，所以它是三字节指令，如图 2.2 所示。

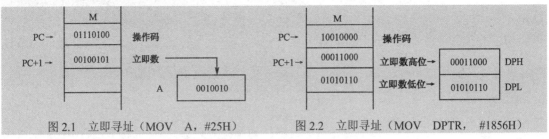

图 2.1　立即寻址（MOV A，#25H）　　　图 2.2　立即寻址（MOV DPTR，#1856H）

2. 直接寻址

直接寻址是指操作数的地址在指令操作数域直接给出。直接寻址可访问的存储空间如下。

（1）片内 RAM 低 128 单元，在指令中以单元地址形式直接给出，地址范围为 00H～7FH。

实例 2.3　执行指令：

MOV　A，3CH　；A←(3CH)

其中，3CH 为直接地址。指令功能就是把片内 RAM 中 3CH 这个单元的内容送到累加器 A，如图 2.3 所示。

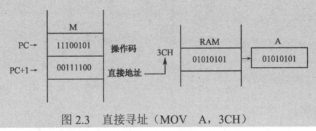

图 2.3　直接寻址（MOV A，3CH）

（2）片内特殊功能寄存器。直接寻址是片内特殊功能寄存器唯一的寻址方式，片内特殊功能寄存器可以用单元地址形式给出，也可以用寄存器符号形式给出（A、AB、DPTR 除外）。

实例 2.4　执行指令：

MOV　A，P1　；A←(P1 口)

该指令的功能是把片内特殊功能寄存器中 P1 口的内容送到累加器 A，它又可写成：

MOV　A，90H

其中，90H 是 P1 口的地址。

（3）211 个位地址空间，即片内 RAM 中可位寻址的 20H～2FH 单元对应的 128 个位地址空间，以及 11 个片内特殊功能寄存器中的 83 个可用的位地址空间。

实例 2.5　执行指令：

MOV　A，30H　；A←(30H)
MOV　C，30H　；Cy←(30H)

前一条指令为字节操作指令，机器码为 E530H（30H 为字节地址）；后一条指令为位操作指令,机器码为 A230H(30H 为位地址)。显然这两条指令的含义和执行结果是完全不同的。

直接寻址的地址占一字节,因此一条直接寻址方式的指令至少占两个内存单元。

3．寄存器寻址

寄存器寻址就是由指令指出寄存器的内容作为操作数,操作数存放在寄存器中,并且寻址的寄存器已隐含在指令的操作码中。寄存器寻址的寻址范围如下。

4 组工作寄存器 R0～R7 共有 32 个工作寄存器,当前工作寄存器组的选择是通过程序状态字 PSW 中的 RS1、RS0 的设置来确定的。

实例 2.6 执行指令:

```
MOV  A,R1    ; A←(R1)
```

操作数存放在寄存器 R1 中,该指令的功能是把寄存器 R1 中的内容送入累加器 A,如图 2.4 所示。

图 2.4　寄存器寻址(MOV A,R1)

4．寄存器间接寻址

寄存器间接寻址是指操作数存放在以寄存器内容为地址的单元中。寄存器中的内容不再是操作数,而是存放操作数的地址。此时,操作数不能从寄存器直接得到,而只能通过寄存器间接得到。寄存器间接寻址用符号"@"表示。

AT89S52 单片机用于间接寻址的寄存器有 R0、R1、堆栈指针(SP)及数据指针(DPTR)。寄存器间接寻址的寻址范围如下。

(1) 片内 RAM 低 128 单元,地址范围为 00H～7FH,用 Ri(i=0,1)和 SP 作为间接寻址寄存器。

(2) 与 P2 口配合使用,用 Ri 指示低 8 位地址,可寻址片外数据存储器或 I/O 口的 64KB 区域。

(3) DPTR 间接寻址寄存器,可寻址片外程序存储器或数据存储器,包括 I/O 口的 64KB 区域。

实例 2.7 执行指令:

```
MOV  A,@R1    ;A←((R1))
```

设(R1)=60H,(60H)=50H,执行结果为(A)=50H。该指令执行过程如图 2.5 所示。

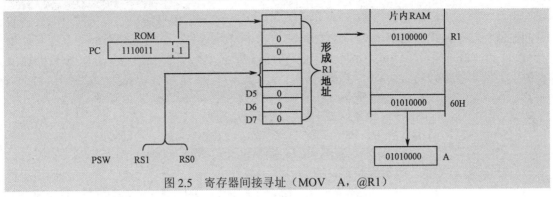

图 2.5 寄存器间接寻址（MOV A，@R1）

注意：特殊功能寄存器只能直接寻址，寄存器间接寻址无效。

5．变址寻址

变址寻址是指操作数存放在以变址寄存器和基址寄存器的内容相加形成的数作为地址的单元中。其中，累加器 A 作为变址寄存器，程序计数器（PC）或数据指针寄存器（DPTR）作为基址寄存器。

实例 2.8　执行指令：

MOVC　A,@A+DPTR　；A←((A) + (DPTR))

该指令的功能为 DPTR 中的内容与累加器 A 中的内容相加，其和所指的单元的数送入累加器 A 中，如图 2.6 所示。

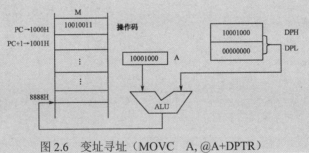

图 2.6　变址寻址（MOVC A,@A+DPTR）

对 AT89S52 单片机指令系统的变址寻址方式进行说明如下。

（1）变址寻址方式只能对程序存储器进行寻址，因此只能用于读数据，而不能用于存放数据，它主要用于查表性质的访问。

（2）变址寻址指令有以下 3 条。

```
MOVC    A, @A+PC
MOVC    A, @A+DPTR
JMP     @A+DPTR
```

前两条指令是在程序存储器中寻找操作数，指令执行完毕后 PC 的当前值不变；后一条指令是要获得程序的跳转地址，执行完毕后则 PC 的当前值改变。

6．相对寻址

相对寻址只出现在相对转移指令中，它是为了实现程序的相对转移而设置的。

相对寻址是将程序计数器 PC 的当前值与第二字节给出的偏移量相加，从而形成转移的目的地址，这个偏移量是相对程序计数器 PC 的当前值而言的，故称为相对寻址。程序计数器 PC 的当前值是指取出该指令后的 PC 的当前值，即下一条指令地址。因此，转移目的地址可用以下公式表示：

转移目的地址=下一条指令地址+rel

偏移量 rel 是一个带符号的 8 位二进制数，表示范围为–128～+127。

目的地址 = 源地址+2+rel

新的程序计数器 PC 的地址=当前（PC）+2+rel

偏移量 rel 可为正，也可为负，范围为–128～+127。

偏移量为正：当前（PC）+2+rel

偏移量为负：当前（PC）+2+（–rel）

实例 2.9　执行指令：

```
JC   80H
```

若进位标志位 Cy=0，则程序计数器 PC 的当前值不变；若进位标志位 Cy=1，则以程序计数器 PC 的当前值加偏移量 80H 后所得的值作为转移目的地址，如图 2.7 所示。

这里转移指令在 1000H 单元，偏移量在 1001H 单元，指令取出后程序计数器 PC 的当前值为 1002H。1002H 与偏移量 80H 相加得到转移地址 0F82H（80H 表示–128，补码运算后结果为 0F82H）。

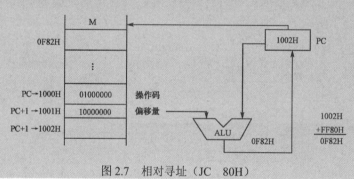

图 2.7　相对寻址（JC　80H）

7．位寻址

位寻址是指对一些片内 RAM 和特殊功能寄存器进行位操作时的寻址方式（是指对片内 RAM 20H～2FH 中的 128 个位地址及 SFR 中的 11 个可进行位寻址的寄存器中的位地址寻址）。在进行位操作时，进位标志位 Cy 作为位操作累加器，指令操作数域，先直接给出该位的地址，然后根据操作码的性质对其进行位操作。位地址与字节直接寻址中的字节地址形式相同，主要由操作码来区分，指令中的地址是位地址而不是存储器单元地址，使用时需予以注意。

位寻址方式是 AT89S52 单片机的特有功能，因为 AT89S52 单片机设有独立的位处理器，又称为布尔处理器，可对位地址空间的 211 个位地址进行运算和传送操作。利用位寻址指令，可使单片机方便地进行位逻辑运算，给控制系统带来了诸多方便。位寻址范围如下。

实例 2.10　执行指令：

```
    MOV   C, 7AH
```

或

MOV C, 2FH.2

以上介绍了 AT89S52 单片机的 7 种寻址方式，如表 2.5 所示，该表简要概括了每种寻址方式可涉及的存储器空间。

表 2.5 AT89S52 单片机的 7 种寻址方式

序号	寻址方式	使用的变量	寻址空间
1	立即寻址	—	程序计数器 ROM
2	直接寻址	—	片内 RAM 低 128B 和 SFR
3	寄存器寻址	R0～R7、A、B、C、DPTR	片内 RAM 低 128B
4	寄存器间接寻址	@R0、@R1、SP（仅 PUSH, POP）	片内 RAM
		@R0、@R1、@DPTR	片外 RAM
5	变址寻址	@A+PC、@A+DPTR	程序计数器
6	相对寻址	PC+rel	程序计数器 256B 范围
7	位寻址	—	片内 RAM 和 SFR 的位地址

2.1.3 单片机标志位

程序状态字寄存器 PSW 共有 8 位，全部用作程序运行的状态标志，其格式如下。

PSW	Cy	AC	F0	RS1	RS0	OV	—	P
位地址	D7H	D6H	D5H	D4H	D3H	D2H	D1H	D0H

P：奇偶标志位。当累加器 A 中 1 的个数为奇数时，P 置 1，否则清 0。在 MCS-51 单片机的指令系统中，凡是改变累加器 A 内容的指令，均影响奇偶标志位 P。

OV：溢出标志。当执行算术运算，且最高位和次高位的进位（或借位）相异时，有溢出，OV 置 1；否则没有溢出，OV 清 0。

RS0 和 RS1：寄存器工作组选择。这两位的值决定了选择哪一组工作寄存器为当前工作寄存器组。由用户通过软件改变 RS0 和 RS1 的组合，以切换当前选用的工作寄存器组。其组合关系如表 2.6 所示。

表 2.6 RS1、RS0 的组合关系

RS0	RS1	寄存器组	片内 RAM 地址
0	0	第 0 组	00H～07H
1	0	第 1 组	08H～0FH
0	1	第 2 组	10H～17H
1	1	第 3 组	18H～1FH

F0：用户标志位。

AC：辅助进位标志位。算术运算时，若低半字节向高半字节有进位（或借位），则 AC 置 1，否则清 0。

Cy：最高进位标志位。算术运算时，若最高位有进位（或借位），则 Cy 置 1，否则清 0。

项目训练 3　单片机片内数据向片外传送

1. 训练要求

（1）掌握操作单片机片外数据存储器的数据传送指令 MOVX。
（2）掌握指针 DPTR 的使用方法。

2. 训练目标

将 1~8 这 8 个数从 20H~27H 单元中传送到单片机片外地址的 1000H~1007H 单元中。

3. 工具器材

计算机、Keil μVision2 集成开发环境。

4. 训练步骤

（1）根据要求画出流程图。　　　　　　　　　　　　　　　　　　　　　　　（20 分）
（2）打开计算机，进入 Keil μVision2 集成开发环境，正确建立工程项目。（20 分）
（3）在编辑窗口正确输入程序并编译。　　　　　　　　　　　　　　　　　（20 分）
（4）进入调试状态，观察运行结果。　　　　　　　　　　　　　　　　　　（20 分）
（5）记录编程中遇到的问题，并思考应如何解决。　　　　　　　　　　　（20 分）

5. 成绩评定

小题分值	（1）20	（2）20	（3）20	（4）20	（5）20	总分
小题得分						

项目任务 4　单片机片内数据向片内传送

通过学习，我们已经了解了 AT89S52 单片机的内部结构，并且已经知道，要控制单片机完成特定的任务，必须使用指令来编程。本任务要求通过编程指令实现数据在单片机内部的传送。

1. 实施要求

将 1~8 这 8 个数从单片机片内的 20H~27H 单元传送到单片机片内的 50H~57H 单元中。

2. 实施步骤

（1）打开计算机，进入 Keil μVision2 集成开发环境。
（2）新建一个项目，并将该项目建立在指定的文件夹中。
（3）新建一个文件，存储的路径与新建的项目相同。
（4）将新建的文件添加到项目中，保存项目，观察项目窗口和编辑窗口的内容。
（5）在编辑窗口编写如下程序：

```
        ORG   0000H
        LJMP  MAIN
        ORG   0100H
```

```
MAIN:   MOV   20H,    #01H
        MOV   21H,    #02H
        MOV   22H,    #03H
        MOV   23H,    #04H
        MOV   24H,    #05H
        MOV   25H,    #06H
        MOV   26H,    #07H
        MOV   27H,    #08H
        MOV   R0,     #20H    ;给指针赋初值
        MOV   R1,     #50H    ;给指针赋初值
        MOV   R7,     #08H    ;赋循环次数
L1:     MOV   A,      @R0
        MOV   @R1,A           ;取数
        INC   R0              ;修改指针
        INC   R1
        DJNZ  R7, L1
        SJMP  $
        END
```

（6）对程序进行汇编，观察信息窗口的信息，如果正确，则执行下一步；否则检查并修改错误程序，重新汇编。

（7）生成目标代码，观察消息窗口的信息，如果正确，则执行下一步；否则检查并修改错误程序，重新生成目标代码。

（8）进入调试状态，单步运行，把数字1～8先传到20H～27H单元中，接着单步运行，这样就可以将数字1～8传到50H～57H单元中，完成片内数据的传送。

3．成绩评定

（1）画出流程图并使之完全符合标准。 (20分)
（2）源程序书写格式符合标准、源程序正确。 (20分)
（3）在规定的时间内正确地完成程序的调试与运行。 (60分)

小题分值	（1）20	（2）20	（3）60	总分
小题得分				

2.2 单片机指令系统的格式与使用方法

2.2.1 单片机指令系统的格式

1．指令及程序的概念

指令是指单片机执行某种操作的命令。指令系统（或指令集）是指单片机能够识别和执行的全部指令。一条指令可用两种语言形式表示，即机器语言和汇编语言。机器语言是单片机能直接识别、分析和执行的二进制代码，用机器语言写的程序称为目标程序。汇编语言是由一系列描述计算机功能及寻址方式的助记符构成的，与机器码一一对应，用汇编语言编写的程序必须经汇编后才能生成可以被单片机识别的目标码，用汇编语言编写的程序称为源程

序。为完成某项任务，人们按要求编写的指令操作序列称为程序。

实例 2.11 要做"10+20"的加法运算，可写成如下两种形式。

汇编语言程序	机器语言程序
MOV A,#0AH	74 0AH
ADD A,#14H	24 14H

2. 指令格式

指令格式包括汇编语言指令格式和机器语言指令格式两种。

1）汇编语言指令格式

[标号]：操作码　[目的操作数],[源操作数];[注释]

例如：

Loop: ADD A, R0　　;A + (R0) → (A)

操作码：规定了指令所实现的操作功能。

操作数：指在执行指令时从指令空间地址取出的数据，可以是一个数（立即数），也可以是一个数据所在的空间地址。

2）机器语言指令格式

要想计算机完成某项任务，就要向它发出指令，而计算机只能识别二进制代码，不能识别其他语言。因此，机器语言是计算机唯一能识别的语言，机器语言指令格式如图 2.8 所示。

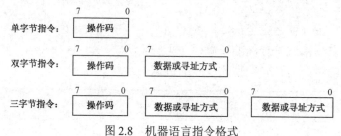

图 2.8　机器语言指令格式

例如：

ADD　A,#10H

机器码　| 00100100 | 操作码 24H
　　　　| 00010000 | 操作数 24H

3. 指令系统中的常用符号

了解一些常用符号，对程序的理解和编写非常有帮助。

Rn：表示当前工作寄存器 R0～R7 中的一个。

它在片内数据存储器中的地址由 PSW 中 RS1、RS0 确定，可以是 00H～07H（第 0 组）、08H～0FH（第 1 组）、10H～17H（第 2 组）、18H～1FH（第 3 组）等任意一组。

Ri（i=0，1）：代表 R0 和 R1 寄存器中的一个。

Ri 的地址为 01H、02H，08H、09H、10H、11H、18H、19H，它们代表可作为地址指针

的 2 个工作寄存器 R0 和 R1。

#data：表示 8 位立即数，即 8 位常数，取值范围为 #00H～#0FFH（0～255）。

#data16：表示 16 位立即数，即 16 位常数，取值范围为 0000H～0FFFFH（0～65 535）。

direct：8 位片内 RAM 单元（包括 SFR）的直接地址，对于 SFR 可使用它的物理地址，也可直接使用它的名字。

addr11：表示 11 位地址，2^{11} = 2048 = 2KB。

addr16：表示 16 位地址，2^{16} =65 536 = 64KB。

addr11、addr16 的区别如下。

在无条件转移指令中：
  短转移 2KB （AJMP）
  长转移 64KB （LJMP）

在子程序调用指令中：
  短调用 2KB （ACALL）
  长调用 64KB （LCALL）

rel：用补码形式表示的地址偏移量，取值范围为–128～+127。

bit：片内 RAM 或 SFR 的直接寻址位地址。

SFR 中的位地址可以直接出现在指令中，为了阅读方便，往往也可用 SFR 的名字和所在的位数表示。例如，表示 PSW 中的奇偶校验位，可写成 D0H，也可以 PSW.0 的形式出现在指令中。

@：表示间接寻址寄存器或基址寄存器的前缀符号。

/：在位操作指令中，它表示该位先取反再参与操作，但不影响该位原值。

(x)：x 中的内容。

((x))：由 x 指出的地址单元中的内容。

→：指令操作流程，将箭头左边的内容送入箭头右边的单元。

$：表示当前指令的地址。

4．常用的伪指令

1）ORG（汇编起始）伪指令

用于汇编程序的开头，用来指示汇编的开始并指示下面的指令在 ROM 中的起始地址，如：

```
       ORG 0000H
START: MOV A, #64H
          :          :
          :          :
       END
```

本条伪指令指示编译器：下面的指令代码从 ROM 的 0000H 单元开始存放。

ORG 伪指令不仅能够定义后面的指令在 ROM 中的起始地址，还可以定义一个（组）常数或一个表格在 ROM 中的位置。

2）END（汇编结束）伪指令

其常用于汇编程序的末尾，用来指示编译器程序到此结束。

在汇编语言源程序中可以出现多个 ORG 伪指令，但 END 伪指令只能出现一次且必须在程序的最后。

3）EQU（赋值）伪指令

该伪指令用于为其左面的"字符名称"赋值。如：

```
        ORG   0500H
COUT EQU  R7
ADDER   EQU   20H
        MOV   R0, #ADDER
        MOV   R7, #COUT
        CLR   A
LOOP:   MOV   @R0, A
        INC   R0
        DJNZ  R7, LOOP
        SJMP  $
        END
```

善于使用 EQU 伪指令，是一个良好的编程方式，有利于程序的修改。

2.2.2 单片机指令系统的分类与使用方法

扫一扫看微课视频：子程序调用与返回

AT89S52 单片机指令系统一共有 111 条指令。按指令的功能可分为以下五大类。

1. 数据传送类指令

所谓"传送"，是把操作数源地址单元的内容传送到目的地址单元中，而源地址单元内容不变，或者把操作数源地址单元与目的地址单元的内容互换。

它主要用于数据及数据块的传递、保存及交换，是程序中使用最频繁、数量最多的一类指令。

传送类指令又分为内部传送指令、外部传送指令、查表指令、交换指令和堆栈操作指令。传送类指令的汇编格式为：

```
MOV  [目的字节], [源字节]
```

传送类指令的功能：将源操作数的内容传送到目的操作数中，源操作数的内容不变。

1）将数据传送到累加器 A 的指令（4 条）

```
① MOV  A, Rn        ; (Rn)→A
② MOV  A, direct    ; (direct)→A
③ MOV  A, @Ri       ; ((Ri))→A
④ MOV  A, #data     ; #data→A
```

这 4 条指令都是将操作数传送到累加器 A，源操作数分别来自寄存器 Rn（R0～R7）、片内 RAM 单元和特殊功能寄存器（不能超过 00H～FFH 的范围）、寄存器间接寻址的片内 RAM 单元，以及程序存储器。

这 4 条指令操作不影响源字节和任何别的寄存器内容，只影响 PSW 的 P 标志位（判断累加器 A 中 1 的奇偶个数）。

实例 2.12　设（R0）=30H，（30H）=12H，比较下列指令的功能。

```
MOV  A,#30H       ;#30H→A
MOV  A,30H        ;(30H)→A
MOV  A,R0         ;(R0)→A
MOV  A,@R0        ;((R0))→A
```

2）将数据传送到工作寄存器 Rn 的指令（3 条）

```
① MOV  Rn, A        ;(A)→Rn
② MOV  Rn,direct    ;(direct)→Rn
③ MOV  Rn,#data     ;#data→Rn
```

这组指令的功能是将源操作数所指定的内容传送到工作寄存器 Rn（R0～R7）中的某个寄存器，源操作数有寄存器寻址、直接寻址、立即寻址 3 种方式。

实例 2.13　(A)=78H，(R5)=47H，(70H)=0F2H，执行指令：

```
MOV  R5,A       ;(A)→R5
MOV  R5,70H     ;(70H)→R5
MOV  R5,#0A3H   ;#A3H→R5
```

注意：在 AT89S52 单片机指令系统中没有"MOV　Rn，Rn"传送指令。

实例 2.14　用学过的指令编程，完成工作寄存器 R1 与 R2 内容的互换。

```
MOV  A,   R1    ;R1→A
MOV  R3,  A     ;A→(R3)
MOV  A,   R2    ;(R2)→A
MOV  R1,  A     ;A→R1
MOV  A,   R3    ;(R3)→A
MOV  R2,  A     ;A→R2
```

3）将 8 位数据直接传送到直接地址的指令（5 条）

```
① MOV  direct , A        ;(A)→direct
② MOV  direct , Rn       ;(Rn)→direct
③ MOV  direct , direct   ;(direct)→direct
④ MOV  direct , @Ri      ;((Ri))→direct
⑤ MOV  direct,#data      ;#data→direct
```

这组指令的功能是把源操作数指定的内容送入由直接地址 direct 所指出的片内存储单元中，源操作数有寄存器寻址、直接寻址、寄存器间接寻址和立即寻址等方式。

4）将 8 位数据传送到用间接寄存器寻址的 RAM 单元的指令（3 条）

```
① MOV  @Ri ,A        ;(A) → (Ri)
② MOV  @Ri ,direct   ;(direct) → (Ri)
```

③ MOV @Ri ,#data ;#data → (Ri)

其中,(Ri)表示 R*i* 中的内容为指定的 RAM 单元。

实例 2.15 将立即数 0FFH 送到内部 RAM30H 单元中。

方法一: MOV　30H ,#0FFH　　　　;#0FFH→(30H)
方法二: MOV　A,#0FFH　　　　　;#0FFH→A
　　　　MOV　30H,A　　　　　　;(A)→(30H)
方法三: MOV　R0,#30H　　　　　;#30H→(R0)
　　　　MOV　@R0 ,#0FFH　　　　;#0FFH→(R0)

实例 2.16 分析程序的运行结果。
设在片内 RAM 中,60H 单元的内容为 30H,试分析运行下面程序后各有关单元的内容。

① MOV　50H ,#60H　;#60H → 50H
② MOV　R0 ,#50H　　;#50H → R0
③ MOV　A ,@R0　　　;((R0))→A
④ MOV　R1 ,A　　　　;(A) →R1
⑤ MOV　40H ,@R1　　;((R1))→40H
⑥ MOV　50H ,60H　　;(60H)→50H

50H	60H
R0	50H
A	60H
R1	60H
40H	30H
50H	30H

5) 16 位数据传送指令 (1 条)

MOV　DPTR,#data16　; dataH→DPH,dataL→DPL

这是唯一的一条 16 位立即数传送指令。其功能是把 16 位立即数送入 DPTR,DPTR 由 DPH 和 DPL 组成。

这条指令的执行结果是将高 8 位立即数 dataH 送入 DPH,将低 8 位立即数 dataL 送入 DPL。

6) 外部传送指令 (4 条)

MOVX　A, @Ri　　　;((Ri))→A 且使 $\overline{RD}$ =0
MOVX　A, @DPTR ;((DPTR))→A 且使 $\overline{RD}$ =0
MOVX　@Ri ,A　　　;(A)→(Ri) 且使 $\overline{WR}$ =0
MOVX　@DPTR,A　;(A) →(DPTR) 且使 $\overline{WR}$ =0

实例 2.17 将片内 RAM 30H 单元的内容送入外部数据存储器 1000H 单元。编程如下:

MOV　DPTR,#1000H　;#1000H→DPTR
MOV　A ,30H　　　　;(30H)→A
MOVX　@DPTR , A　　;片内 RAM 30H 的内容送外部 1000H 单元

7) 查表指令 (2 条)

查表指令为找出表格中所需的常数时使用的指令。

在 8051 指令系统中,有 2 条极有用的查表指令,其数据表格放在程序存储器中。因为程序存储器除了存放程序,还可存放表格常数。

① MOVC A,@A+DPTR ;先（PC）+1→PC（新），后((A) + (DPTR))→A
② MOVC A,@A+PC   ;先（PC）+1→PC（新），后((A) + (PC))→A

CPU 读 "MOVC A,@A+PC" 后，PC 的内容先加 1，将新的 PC 的内容与累加器 A 中的 8 位无符号数相加形成地址，取出该单元中的内容送累加器 A。这种查表方式很方便，但只能查找指令所在地址以后 256B 范围内的代码或常数。

实例 2.18 在程序存储器中，数据表格为：

1010H: 02H
1011H: 04H
1012H: 06H
1013H: 08H

执行程序：

1000H: MOV A, #0DH   ;0DH→A，查表的偏移量
1002H: MOVC A,@A+PC   ;(0DH+1003H)→A
1003H: MOV R0, A   ;(A)→R0

结果：(A)=02H, (R0)=02H, (PC)=1004H。

CPU 读 "MOVC A,@A+DPTR" 后，指令以 DPTR 为基址寄存器进行查表。使用前先给 DPTR 赋予任意地址，因此查表范围覆盖整个程序存储器的 64KB 空间，称远程查表。但若 DPTR 已赋值待用，则装入新值之前必须保存其原值，可用栈操作指令 PUSH 保存。

实例 2.19 在程序存储器中，数据表格为：

7010H: 02H
7011H: 04H
7012H: 06H
7013H: 08H

执行程序：

1000H: MOV A, #10H   ;10H→A，查表的偏移量
1002H: PUSH DPH
1004H: PUSH DPL
1006H: MOV DPTR,#7000H
1009H: MOVC A,@A+DPTR
100AH: POP DPL
100CH: POP DPH

结果：(A)=02H, (PC)=100EH, (DPTR)=原值。

8）交换指令（5 条）

（1）半字节交换指令。

SWAP A   ;$(A_{0\sim3}) \to (A_{4\sim7})$, $(A_{0\sim3}) \leftarrow (A_{4\sim7})$
XCHD A,@Ri   ;$(A_{0\sim3}) \to ((Ri)_{0\sim3})$, $(A_{0\sim3}) \leftarrow ((Ri)_{0\sim3})$

第一条指令的功能是将累加器 A 的高低两个半字节交换。

第二条指令的功能是将 Ri 间接寻址的单元内容与累加器 A 内容的低 4 位互换，高 4 位内容不变，只影响标志位 P（奇、偶校验位，奇=1，偶=0）。

（2）一字节交换指令。

```
① XCH   A, Rn        ;(A) → (Rn),(A) ← (Rn)
② XCH   A,direct     ;(A) → (direc),(A) ← (direct)
③ XCH   A, @Ri       ;(A) → ((Ri)),(A) ← ((Ri))
```

9）栈操作指令（2 条）

在 AT89S52 单片机片内 RAM 的 128B 单元中，可设定一个区域作为堆栈（一般可设 30H～7FH 单元），栈顶由堆栈指针（SP）指定。8051 复位后，(SP)=07H，若要更改，则需重新给 SP 赋值。

（1）PUSH（入栈）指令。

```
PUSH  driect   ;先将(SP)+1 → SP（新），后将(direct) → SP（新）
```

入栈操作由（SP）+1 指向栈顶的上一个空单元，将直接地址（Direct）寻址的单元内容压入当前 SP 所指的堆栈单元中，本操作不影响标志位。

（2）POP（出栈）指令。

```
POP  direct;先将((SP)) → direct,后将(SP) - 1→SP
```

弹出操作将先由（SP）所寻址的片内 RAM 单元中的内容送入由直接地址寻址的单元中，然后（SP）−1→SP。本操作不影响标志位。

堆栈中数据的压入和弹出遵循"先进后出"的规律。

2．算术运算类指令

AT89S52 单片机的算术运算指令组包括加、减、乘、除四则基本运算及 BCD 码调整指令。这些指令会影响程序状态寄存器 PSW 中的某些标志位。

加减指令的执行结果会影响 PSW 中的进位位 Cy、溢出位 OV、辅助进位位 AC 和奇偶校验位 P。

乘除指令的执行结果会影响 PSW 中的进位位 Cy、溢出位 OV 和奇偶校验位 P。加 1 和减 1 指令的执行结果不会影响 PSW 中的标志位。

1）加法类指令（4 条）

```
① ADD  A,Rn       ;(A) + (Rn) →A
② ADD  A,direct   ;(A) + (direct) → A
③ ADD  A,@Ri      ;(A) + ((Ri)) →A
④ ADD  A,#data    ;(A) + #data →A
```

功能：工作寄存器片内 RAM 单元的内容或立即数的 8 位无符号二进制数和累加器 A 中的数相加，所得之和存放于累加器 A 中。

对 PSW 的影响：当这个和的第 3 位或第 7 位有进位时，分别将 AC、Cy 标志位置 1，否则清 0。

实例 2.20 设（A）=0C3H,（R0）= 0AAH, 执行程序：

ADD A ,R0

解 累加器 A 的内容加 R0 的内容, 结果送累加器 A。

$$
\begin{array}{r}
(A)\;1100\;0011 \\
+\;(R0)\;1010\;1010 \\
\hline
1\;0110\;1101
\end{array}
$$

结果为（A）=6DH, 标志位 Cy=1, OV=1, AC=0。

2）带进位加法指令（4 条）

① ADDC A,Rn   ;(A) + Cy + (Rn)→A
② ADDC A,direct   ;(A) + (direct) +Cy →A
③ ADDC A,@Ri   ;(A) + ((Ri)) +Cy →A
④ ADDC A,#data   ;(A) + #data + Cy → A

功能：将源操作数的内容与累加器 A 的内容相加, 再加上进位位 Cy 的内容, 将结果存放在累加器 A 中。本指令主要应用于多字节数的加法运算。

使用此指令进行单字节或多字节的低 8 位数的加法运算时, 应先将进位位 Cy 清 0（CLR Cy）。当运算结果第 3、7 位产生进位或溢出时, 分别置 AC、Cy 和 OV 标志位。

本指令执行将影响标志位 AC、Cy、OV、P。

实例 2.21 设（A）=0C3H,（R0）= 0AAH,（Cy）=1。执行指令：

ADDC A ,R0

执行结果：和为 6EH 存于累加器 A 中。标志位 Cy=1, OV=1, AC=0。

3）带借位减法指令（4 条）

① SUBB A, Rn   ;(A) - Cy- (Rn) → A
② SUBB A, direct   ;(A) - Cy- (direct) →A
③ SUBB A, @Ri   ;(A) - Cy- ((Ri)) →A
④ SUBB A, #data   ;(A) - Cy- #data → A

功能：将累加器 A 的内容减去源操作数, 再减去进位位 Cy 的值, 其结果存放在累加器 A 中。此指令主要用于多字节数的减法运算。

使用此指令进行单字节或多字节的最低减法运算时, 应先将进位位 Cy 清 0。

两数相减时, 如果累加器 A 的位 7 有借位, 则 Cy 置 1, 否则置 0; 若累加器 A 的位 3 有借位, 则 AC 置 1, 否则自动清 0。

两个带符号数相减, 还要考查 OV 标志位, 若 OV 为 1, 则表示差数溢出, 即破坏了正确结果的符号位。

4）BCD 码修正指令（1 条）

DA   A; 调整累加器 A 的内容为 BCD 码

这条指令跟在 ADD 或 ADDC 指令后, 将相加后存放在累加器 A 中的结果进行十进制调整，完成十进制加法运算功能。

原因：BCD 码与二进制数有区别。

方法：若 [($A_{0\sim3}$)>9]或[(AC)=1]，则（$A_{0\sim3}$）+6→$A_{0\sim3}$；

若 [($A_{4\sim7}$)>9]或[(Cy)=1]，则（$A_{4\sim7}$）+6→$A_{4\sim7}$。

执行"DA A"后，CPU 根据累加器 A 的原始数值和 PSW 的状态，由硬件自动对累加器 A 进行加 06H、60H 或 66H 的操作。减法运算后，不能用"DA A"指令。

实例 2.22 设累加器 A 的内容为 0101 0110B，即 56 的 BCD 码；寄存器 R3 的内容为 0110 0111B，为 67 的 BCD 码；Cy 的内容为 1。执行下列指令：

```
ADDC  A , R3
DA    A              ;调整累加器A的内容为BCD码
```

结果为 124。

实例 2.23 设有两个 4 位 BCD 码，分别存放在内部数据存储器的 30H、31H、40H 和 41H 单元中，试编写程序求这两个数之和，并将结果存放到 50H、51H 单元中。

编程如下：

```
CLR   Cy             ;清进位位
MOV   A ,30H         ;将低2位BCD码送到累加器A，即(30H)→A
ADD   A ,40H         ;将另一个低2位BCD码与累加器A相加，(A)+(40H)→A
DA    A              ;调整累加器A的内容为BCD码
MOV   50H, A         ;存结果，(A)→50H
MOV   A, 31H         ;将高2位BCD码送到累加器A，即(31H)→A
ADDC  A, 41H         ;将另一个高2位BCD码与累加器A相加，(A)+(41H)+(Cy)→A
DA    A              ;调整累加器A的内容为BCD码
MOV   51,A           ;存结果，(A) → 51H
END                  ;结束
```

5）加 1 指令（5 条）

```
① INC  A          ; (A) +1 → A
② INC  Rn         ; (Rn) +1 →Rn
③ INC  direct     ; (direct) +1→direct
④ INC  @Ri        ; ((Ri)) +1 → (Ri)
⑤ INC  DPTR       ; (DPTR) +1→DPTR
```

功能：将操作数所指定的单元内容加 1，其操作不影响 PSW，若原单元内容为 FFH，加 1 后溢出为 00H，也不会影响 PSW 标志位。

实例 2.24 执行指令：

```
INC  A      ;(A) +1 → A, 不影响PSW
ADD  A ,#01H ;(A) + 01H→A, 影响PSW的进位标志位Cy
```

6）减 1 指令（4 条）

```
① DEC  A          ; (A) - 1→ A
```

```
② DEC  Rn      ;(Rn)-1 → Rn
③ DEC  direct  ;(direct)-1 → direct
④ DEC  @Ri     ;((Ri))-1 → (Ri)
```

功能：将操作数所指定的单元内容减1，其操作不影响进位标志位 Cy。

若原单元内容为 00H，减 1 后为 FFH，也不会影响标志位。

7）乘除指令（2条）

（1）乘法指令。

```
MUL  AB  ;(A)×(B) → B_{15~8}, A_{7~0}
```

功能：把累加器 A 和寄存器 B 中两个 8 位无符号数相乘，得到 16 位积，16 位积的低字节存放在累加器 A 中，高字节存放在寄存器 B 中。

若乘积大于 0FFH，则 OV 置 1，否则清 0，Cy 始终被清 0。

实例 2.25 （A）=4EH，（B）=5DH。执行指令：

```
MUL A,B
```

结果：（B）=1CH，（A）=56H。

积为（BA）=1C56H，因为结果超过 0FFH，所以 OV=1。

（2）除法指令。

```
DIV AB  ;(A)/(B) 的商 → A,(A)/(B) 的余数→B
```

功能：进行累加器 A 除以寄存器 B 的运算，累加器 A 和寄存器 B 的内容均为 8 位无符号整数。

指令操作后，整数商存于累加器 A 中，余数存于寄存器 B 中，Cy 和 OV 均被清 0。若原（B）=00H，则结果无法确定，用（OV）=1 表示，而 Cy 仍为 0。

如果（A）=0BFH，（B）=32H，执行指令：

```
DIV AB
```

结果：（A）=03H，（B）=29H，（Cy）=0，（OV）=0。

乘除指令是 AT89S52 单片机指令系统中执行时间最长的两条指令，会占用 4 个机器周期。利用乘除指令将使单片机的运算功能大大增强。

3. 逻辑运算及移位类指令

逻辑运算指令包括与、或、异或、清除、求反、移位等操作。该指令组的全部操作都是 8 位。

1）逻辑"与"运算指令（6条）

```
① ANL  A,Rn     ;(A)∧(Rn)→A
② ANL  A,direct ;(A)∧(direct) → A
③ ANL  A,@Ri    ;(A)∧((Ri))→A
④ ANL  A,#data  ;(A)∧#data → A
⑤ ANL  direct,A ;(direct)∧(A)→direct
```

⑥ ANL direct,#data ; (direct) ∧ #data →direct

功能：前 4 条指令是将累加器 A 的内容和源操作数所指出的内容按位进行逻辑"与"，结果存在累加器 A 中。后 2 条指令是将直接地址中的内容和源操作数所指出的内容按位进行逻辑"与"，结果存入直接地址单元中。

若直接地址正好是 I/O 口，则为"读—改—写"操作。

实例 2.26 执行指令：

ANL P1,#01110011B

指令功能：把 P1.7、P1.3、P1.2 三位清 0。

实例 2.27 将累加器 A 中的压缩 BCD 码变成非压缩的 BCD 码，存入 40H、41H 单元中。

解 压缩 BCD 码为用一字节表示两个 BCD 码。

非压缩 BCD 码为一字节只用低 4 位表示 BCD 码，高 4 位为 0。

编程如下：

```
MOV    30H,A      ;(A)→30H，保存累加器 A 中的内容
ANL    A,#0FH     ;清高 4 位，保留低 4 位。低位 BCD 码变成非压缩的 BCD 码
MOV    40H,A      ;(A)→40H，低位 BCD 码放入 40H 中
MOV    A ,30H     ;(30H)→A，取源数据
ANL    A ,#0F0H   ;保留高 4 位，清低 4 位
SWAP   A          ;(A_{0~3})→(A_{4~7}),(A_{0~3})←(A_{4~7})，高位 BCD 码变成非压缩 BCD 码
MOV    41H, A     ;(A)→41H，高位 BCD 码放入 41H 中
END
```

2）逻辑"或"运算指令（6 条）

① ORL A, Rn   ; (A) ∨ (Rn) → A
② ORL A,direct   ; (A) ∨ (direct) → A
③ ORL A ,@Ri   ; (A) ∨ ((Ri)) →A
④ ORL A ,#data   ; (A) ∨ #data→ A
⑤ ORL direct,A   ; (direct) ∨ (A) → direct
⑥ ORL direct,#data ; (direct) ∨ #data→ direct

实例 2.28 将累加器 A 中的高 4 位由 P1 口的高 4 位输出，P1 口的低 4 位不变。

编程如下：

```
ANL A,#0F0H    ;保存累加器 A 中的高 4 位，低 4 位为 0
MOV 40H, A     ;(A) → 40H
MOV A,P1       ;(P1)→A
ANL A,#0FH     ;保存 P1 中的低 4 位
ORL A,40H      ;保留了累加器 A 中的高 4 位，P1 中的低 4 位
MOV P1,A       ;由 P1 输出指定的内容
END
```

3）逻辑"异或"运算指令（6条）

① XRL　A,Rn　　　　　;(A)⊕(Rn)→A
② XRL　A,direct　　　;(A)⊕(direct)→A
③ XRL　A,@Ri　　　　;(A)⊕((Ri))→A
④ XRL　A,#data　　　;(A)⊕#data→A
⑤ XRL　direct,A　　　;(direct)⊕(A)→direct
⑥ XRL　direct,#data　;(direct)⊕#data→direct

这类指令（与、或、异或）的操作均只影响标志位 P。

应用"异或"指令可以将一个数的某些位取反。若想将一个数的某些位取反，就使这些位与"1"异或，哪些位不变，就使这些位与"0"异或。

4）循环移位指令（4条）

① 累加器 A 循环左移指令：RL　A。
② 累加器 A 循环右移指令：RR　A。
③ 累加器 A 连同进位位循环左移指令：RLC　A。
④ 累加器 A 连同进位位循环右移指令：RRC　A。

功能：前两条指令的功能分别是将累加器 A 的内容循环左移或右移一位，后两条指令的功能分别是将累加器 A 的内容连同进位位 Cy 一起循环左移或右移一位。

通常用 RLC 指令将累加器 A 的内容做乘 2 运算。

5）清 0 与取反指令（2条）

（1）累加器 A 清 0 指令。

CLR　A　　;0→A,清 0 累加器 A,只影响标志位 P

（2）累加器 A 取反指令。

CPL　A　　;($\overline{A}$)→A,对累加器 A 内容逐位取反，不影响标志位 P

4. 控制转移类指令

控制转移类指令用于控制程序的执行方向。这类指令通过修改 PC 的内容来控制程序走向。

AT89S52 单片机具有丰富的控制转移类指令，包括无条件转移、条件转移、比较转移、循环转移、子程序调用与返回和空操作等指令。所有这些指令的目标地址都在 64KB 程序存储器地址空间范围内。

1）无条件转移指令（4条）

当执行到无条件转移指令时，程序会无条件地跳转到指令所指的地址处，从该处再继续执行程序。

（1）短转移指令（绝对转移）。

AJMP　addr11;(PC)+2→PC ,addr11→$PC_{10\sim0}$, $(PC_{15\sim11})$不变

由于指令提供低 11 位地址，高 5 位地址保持原值，因此转移的目标地址必须在从 AJMP

后面指令的第 1 字节开始的同一个 2KB 范围内。换句话说,当转移的目标地址与当前 PC 不在同一个 2KB 范围时,无法使用 11 位地址的无条件转移指令。

(2) 长转移指令。

```
LJMP  addr16  ;addr16 →PC
```

它将 16 位目标地址装入程序计数器,指令的第 2 字节和第 3 字节地址码分别装入 PC 的高 8 位和低 8 位。程序执行此指令后,无条件地转移到 addr16 处执行。长转移指令也可以在 64KB 范围内转移。

(3) 相对转移(短转移)。

```
SJMP  rel  ;PC+2 →PC
```

8 位地址的偏移量是相对 PC 的当前值的跳转偏移量,其取值范围为 $-128\sim+127$,并且以补码形式存在。

$$[X]_{补}=X,\ 0\leq X<2^{n-1}$$
$$2^n+X,\ -2^{n-1}\leq X<0$$

若偏移量为正数,表示正向转移,先执行(PC)+2 →PC,再加相对地址的偏移量,就得到了转移目标地址;若偏移量为负数,表示反向转移,先执行(PC)+2→PC,再加相对地址的偏移量,就得到了转移目标地址。

(4) 间接转移指令(散转指令)。

```
LJMP  @A + DPTR; (A) + (DPTR) →PC
```

转移的目标地址由数据指针寄存器 DPTR 和累加器 A 的内容相加形成。该指令执行后不改变数据指针寄存器 DPTR 和累加器 A 中的值,也不影响 PSW 中的任何标志位。

这条指令可代替众多的判别跳转指令。此指令常用于有多个分支的程序,多条转移指令连续存放,具有散转功能,又称散转指令。

数据指针寄存器 DPTR 存放目标地址的首地址,在程序运行时动态决定累加器 A 中的内容,以确定该时刻的跳转的目的地址,并去执行相应的分支程序。

2)条件转移指令(2 条)
(1) 累加器 A 为 0 转移指令。

```
JZ  rel  ;(PC)+2→PC
```

若(A)全为 0,则(PC)(新)=(PC)+rel;若(A)不全为 0,则程序按顺序执行。
(2) 累加器 A 非 0 转移指令。

```
JNZ  rel  ;(PC)+2→PC
```

若(A)不全为 0,则(PC)(新)+rel →PC;若(A)全为 0,则程序按顺序执行。

实例 2.29 判断内部 RAM30H 与 31H 两个单元的内容是否相等,若相等,则将寄存器 B 清 0,否则将寄存器 B 全置 1。

解
```
MOV      A,30H        ;(30H)→A
```

```
        CLR     Cy
        SUBB    A,31H           ;(30H)-(31H)→A
        JZ      CLEAR
        MOV     B,#0FFH         ;#0FFH→B
        SJMP    PTHAT
CLEAR:  MOV     B,#00H          ;#00H→B
PTHAT:  SJMP    $
```

3）比较转移指令（4条）

CJNE （目的字节），（源字节），rel

功能：对指定的目的字节和源字节进行比较，若它们的值不相等，则转移。转移的目标地址为 PC 的当前值（PC）+3→PC，加指令的第 3 字节带符号的 8 位偏移量。若目的字节内的数大于源字节内的数，则清 0 进位标志位 Cy；若目的字节内的数小于源字节内的数，则置位进位标志位 Cy；若两值相等，则往下执行。

这类指令的源操作数和目的操作数有 4 种寻址方式，即 4 条指令。

① CJNE A,direct, rel
② CJNE A,#data,rel
③ CJNE Rn,#data,rel
④ CJNE @Ri,#data, rel

4）循环转移指令（2条）

① DJNZ Rn,rel; (Rn) - 1→Rn, 若 Rn =0，则 (PC) + 2 → PC
              ;若 Rn≠0，则 (PC) + 2 + rel →PC
② DJNZ direct, rel ; (direct) - 1 →direct, 若 (direct) =0，则 (PC) +3 → PC
              ;若 (direct) ≠0，则 (PC) +3+ rel →PC

实例 2.30　内存中存有两个 4 字节的十进制数，一个存放在 30H～33H 开始的单元中，一个存放在 40H～43H 开始的单元中。请编程求它们的和，并将结果放在 30H～33H 中。

```
解    MOV R0, #30H      ;设定被加数指针
      MOV R1, #40H      ;设定加数指针
      MOV R7, #04H      ;设定计数长度
      CLR Cy            ;进位位 Cy 清 0
XYZ: MOV  A,@R0         ;取被加数
      ADDC A,@R1        ;(A) + ((R1)) +Cy→A
      DA   A            ;调整
      MOV  @R0,A        ;(A) → (R0),和存回 30H 单元
      INC  R0           ;修改指针(R0) +1→R0
      INC  R1           ;修改指针(R1) +1→R1
      DJNZ R7,XYZ       ;(R7) - 1→R7, (R7) ≠0 转标号 XYZ（自设）
      END               ;结束
```

5）子程序调用与返回指令（4条）

指令系统中一般都有主程序调用子程序的指令和从子程序返回主程序的指令。子程序，即具有一定功能的公用程序段。

（1）短调用指令。

```
ACALL  addr11; (PC)+2→PC
             ; (SP)+1→SP（新），(PC_{0~7})→(SP)（新），压入断点低8位
             ; (SP)+1→SP（新），(PC_{8~15})→(SP)（新），压入断点高8位
```

子程序的目标地址必须和调用子程序前的 PC 内容存在同一个 2KB 范围内。

（2）长调用指令。

```
LCALL  addr16 ; (PC)+3 → PC
              ; (SP)+1→SP（新），(PC_{0~7})→(SP)（新），压入断点低8位
              ; (SP)+1→SP（新），(PC_{8~15})→(SP)（新），压入断点高8位
```

长调用指令为调用 64KB 范围内所指定的子程序。

（3）子程序返回指令。

```
 RET   ; ((SP))→PC_{8~15},弹出断点高8位，(SP)-1→SP（新）
       ; ((SP)（新))→PC_{0~7},弹出断点低8位，(SP)-1→SP（新）
```

RET 指令表示从子程序返回。当程序执行到本指令时，表示结束子程序的执行，在返回调用指令（ACALL 或 LCALL）的下一条指令处（断点）继续往下执行。

（4）中断返回指令。

```
RETI    ; ((SP)) → PC_{8~15} , (SP)-1 →SP
        ; ((SP)) → PC_{0~7} , (SP)-1 →SP
```

RETI 指令是中断返回指令，除具有 RET 指令的功能外，还将开放中断逻辑。

6）空操作指令（1条）

```
NOP ; (PC)+1→PC
```

这条指令除了使 PC 内容加 1，仅产生一个机器周期的延时，不进行任何操作。

5. 位操作（布尔操作）类指令

位地址范围：片内 RAM 字节地址 20H～2FH 单元中连续的 128 位、11 个特殊功能寄存器（在 80H～FFH 字节地址中），并且凡是能被 8 整除的特殊功能寄存器都具有可寻址的位地址。

位累加器即进位标志 Cy，位地址的表达方式种类如下。

（1）直接（位）地址方式，如 D4H。
（2）利用特殊功能寄存器的位地址方式，如 P1.0。
（3）利用特殊功能寄存器的位名称方式，如 TE0。
（4）用户使用伪指令事先定义过的符号地址。

1）位数据传送指令（2条）

① MOV　C, bit　;（bit）→C
② MOV　bit,C　;（C）→bit

2）位逻辑运算指令（6条）

（1）位逻辑"与"指令。

① ANL　C ,bit　;（C）∧（bit）→C
② ANL　C ,/bit;（C）∧（$\overline{bit}$）→C

（2）位逻辑"或"指令。

① ORL　C ,bit　;（C）∨（bit）→C
② ORL　C ,/bit　;（C）∨（$\overline{bit}$）→C

（3）位逻辑"反"指令。

① CPL　C　　　;（$\overline{C}$）→ C
② CPL　bit　　;（$\overline{bit}$）→ bit

3）位状态控制指令（4条）

（1）位清0指令。

① CLR　C　　　;0→C
② CLR　bit　　;0→bit

（2）位置1指令。

① SETB　C　　;1→C
② SETB　bit　;1→bit

4）位条件转移类指令（5条）

（1）判布尔累加器。

① JC　rel　　;若（C）=1,则（PC）+ 2 + rel→PC
　　　　　　　;若（C）=0,则（PC）+2→PC
② JNC　rel　;若（C）=0,则（PC）+2 + rel→PC
　　　　　　　;若（C）=1,则（PC）+2→PC

（2）判位变量转移指令。

① JB bit, rel　　;若（bit）=1,则（PC）+3 + rel→PC
　　　　　　　　　;若（bit）=0,则（PC）+3→PC
② JNB bit, rel　;若（bit）=0,则（PC）+3 + rel→PC
　　　　　　　　　;若（bit）=1,则（PC）+3→PC

（3）判位变量并清0转移指令。

JBC bit, rel　;若（bit）=1,则（bit）→0,（PC）+3 + rel→PC
　　　　　　　　;若（bit）=0,则（PC）+3→PC

实例 2.31 判断片内 RAM30H 中的数是正数还是负数，若是正数，则将 F0 位清 0，否则将该位置 1。

```
        MOV  A,    30H
        JB   ACC.7, NEG
        CLR  F0
        SJMP WEND
NEG:    SETB F0
WEND:   SJMP $
```

2.2.3 单片机 C 语言基础

扫一扫看微课视频：C51 中的函数

1. C51 常用的运算符与表达式

常用的运算符表达式有：赋值运算符、算术运算符、逻辑运算符与表达式、关系运算符与表达式、位运算符。

1）赋值运算符

=：赋值（简单赋值），变量=表达式，$X=a+b$ 表示将表达式 ($a+b$) 的值赋给变量 X。

+=：加法赋值，变量双目运算符=表达式。

−=：减法赋值。

*=：乘法赋值。

/=：除法赋值。

%=：求余赋值。

&=：按位与赋值。

|=：按位或赋值。

^=：异或赋值。

>>=：右移赋值。

<<=：左移赋值。

2）算术运算符

+：加法运算符，$a=b+c$。

−：减法运算符（也可作负值运算符），$a=b-c$。

*：乘法运算符。

/：除法运算符。

> **注意**："/"中参与运算的量均为整型时，结果也为整型，舍去小数部分。例如，6/2=3，7/2=3。

%：求余运算符（求模运算符），求余运算的值为两数相除后的余数。例如，10%3 的值为 1。

++：自增 1 运算，其功能是使变量的值自增 1。

−−：自减 1 运算，其功能是使变量的值自减 1。

3）逻辑运算符与表达式

&&：逻辑与，如条件式 1&&条件式 2，两个条件均为真时，运算结果为真，否则为假。

||：逻辑或，如条件式 1 || 条件式 2，当两个条件中任一为真时，结果为真；当两个条件同是假时，结果为假。

!：逻辑非，把当前的结果取反，作为最终的运算结果。

4）关系运算符与表达式

\>：大于。

<：小于。

==：等于。

\>=：大于或等于。

<=：小于或等于。

!= ：不等于。

当两个表达式用关系运算符连接起来时，就成了关系表达式，通常关系运算符用来比较两个量的大小关系。

5）位运算符

&：按位与，如 9 & 5，即 00001001 & 00000101。

|：按位或，如 9 | 5，即 00001001 | 00000101。

^： 按位异或，如 9 ^ 5，即 00001001 ^ 00000101。

~：取反，如~ 00001001。

<<：左移，如 00000001 << 3。

\>>：右移，如 00001001 >> 3。

2．C51 常用变量类型与常用数据类型

1）C51 常用变量类型

C51 常用变量类型如表 2.7 所示。

表 2.7　C51 常用变量类型

关键字	所占字节	取值范围
Signed char	1	−128～127
Unsigned char	1	0～255
Signed int	2	−32 768～32 768
Unsigned int	2	0～65 535
Signed long	4	−2 147 483 648～2 147 483 647
Unsigned long	4	0～4 294 967 295
Float	4	-3.4×10^{-38}～3.4×10^{38}

2）C51 常用数据类型——数组

（1）一维数组的格式：

类型说明符　数组名[元素个数]；

如：int a[50]；

(2) 二维数组的格式：

类型说明符 数组名[行数] [列数]；

(3) C51不仅可以定义多维数组，还可以定义字符型数组。

数组是十分有用的数据类型，用它可以形成容易查找的数据表格。

实例2.32　编写闪光灯程序：

```
#include<reg52.h>          //包含头文件，一般不需要改动，包含特殊功能寄存器的定义
sbit LED0=P1^0;            // 用sbit 关键字定义LED到P1.0引脚
void Delay(unsigned int t); //函数声明
void main (void)
{                          //此方法使用bit 位对单个引脚赋值
    while (1)              //主循环
    {
        LED0=0;            //将P1.0引脚赋值0，对外输出低电平
        Delay(10000);      //调用延时程序，更改延时数字可以更改延时长度
                           //用于改变闪烁频率
        LED0=1;            //将P1.0引脚赋值1，对外输出高电平
        Delay(10000);
        …                  //在主循环中添加其他需要一直工作的程序
    }
}
//延时函数，含有输入参数 unsigned int t，无返回值
//unsigned int 是定义一个无符号整型变量，其值的范围是0~65 535
void Delay(unsigned int t)
{
  while(--t);
}
```

3. C51常用流程控制语句

1）选择语句——条件判断语句

if语句主要有以下三种形式。

(1) if（表达式）{语句；}

(2) if（表达式）{语句1；} else {语句2；}

(3) if（表达式1）{语句1；}

　　else if（表达式2）{语句2；}

　　…

　　else if（表达式n）{语句n；}

　　else {语句n+1；}

2）选择语句——流程控制语句

switch/case语句表达形式如下：

　　　switch（表达式）

```
        {
            case 常量表达式 1：语句 1；    break；
            case 常量表达式 2：语句 2；    break；
                ……
            case 常量表达式 n：语句 n；    break；
            default ：语句 n+1；
        }
```

3）循环语句

（1）while 语句的格式如下：

while （表达式）{语句（内部也可为空）}

特点：先判断表达式，后执行语句。

原则：若表达式不是 0，即是真，则执行语句；否则跳出 while 语句。

经常用 while（1）{   } 来实现死循环。

（2）for 语句：

for（表达式 1；表达式 2；表达式 3）{ 语句（内部可为空）}

执行过程：

① 求解一次表达式 1；

② 求解表达式 2，若其值为真（非 0 即为真），则先执行 for 中的语句，然后执行下一步；否则结束 for 语句，直接跳出，不再执行下一步。

③ 求解表达式 3；

④ 跳到步骤②重复执行。

4．C51 函数

1）函数的格式与分类：

（1）函数的格式：

```
        返回值类型   函数名（形式参数列表）
        {
        函数体
        }
```

例如：int max（int x，int y，int z）；

（2）函数的分类：

① 标准库函数。

② 用户自定义函数。

上述两类函数为 C 语言中的分类，从函数定义的形式上，函数可以划分为无参数函数、有参数函数和空函数。

2）C51 的库函数

C51 编译器提供了丰富的库函数，使用这些库函数可以大大地提高编程效率，用户可以根据需要随时调用。每个库函数都在相应的头文件中给出了函数的原型，使用时只需在源程序的开头用编译预处理命令"#include"将相关的头文件包含进来即可。

例如，要使用数学公式，只需要在程序开头使用"#include <math.h>"文件包含命令就可以了；要访问特殊功能寄存器 SFR 和 SFR 的位，则只需要在程序开头使用"#include <reg51.h>"或"#include <reg52.h>"文件包含命令。

> **注意：**（1）main( )函数为主函数，且唯一。
> （2）如果函数体放在 main( )函数的后边，则需要进行函数声明才能使用。

5. C51 编程常用语句

1）C51 定义 SFR

定义方法：用 sfr 和 sbit 两个关键字。

（1）定义特殊功能寄存器 SFR 用 sfr。

例如：

```
sfr PSW=0xD0;      /*定义程序状态寄存器 PSW 的地址为 D0H*/
```

标准 sfr 在 reg51.h、reg52.h 等头文件中已经被定义，只要用文件包含命令做出声明即可使用。

（2）定义可位寻址的 SFR 的位用 sbit。

例如：

```
sbit CY=0xD7;      /*定义进位标志位 Cy 的地址为 D7H*/
sbit LED = P1 ^ 0
```

2）C51 定义位变量

使用关键字 bit 定义位变量。

例如：

> **注意：** bit 不能定义位变量指针，也不能定义位变量数。

```
bit lock;          /*将 lock 定义为位变量*/
bit direction;     /*将 direction 定义为位变量*/
```

3）C51 常用延时办法

（1）非精确延时语句：

- for(i = 0; i < 100; i++);
- i = 100; while(i--);
- 延时子程序：

```
void delay(uint z)
{
    uint x,y;
    for(x=z;x>0;x--)
        for(y=122;y>0;y--);
}
```

（2）精确延时语句：

① 利用库函数_nop_();
   需要 include <intrins.h>

② 利用定时器进行定时（在本书第 4 章中将介绍有关内容）。

4）C51 移位实现方法

```
#include <intrins.h>
temp=_crol_(temp,1);            //左移
    temp=_cror_(temp,1);        //右移
```

项目训练 4 单片机片外数据向片内传送

1. 训练要求

（1）掌握单片机片外数据存储器操作的数据传送指令 MOVX。

（2）掌握指针 DPTR 的使用方法。

2. 训练目标

将 1～8 这 8 个数从单片机片外地址 1000H～1007H 单元传送到片内地址 20H～27H 单元中。

3. 工具器材

计算机、Keil μVision2 集成开发环境。

4. 训练步骤

（1）根据要求画出流程图。   （20 分）

（2）打开计算机，进入 Keil μVision2 集成开发环境，正确建立工程项目。（20 分）

（3）在编辑窗口正确输入程序、编译。   （20 分）

（4）进入调试状态，观察运行结果。   （20 分）

（5）记录编程中遇到的问题，并思考应如何解决。   （20 分）

5. 成绩评定

小题分值	（1）20	（2）20	（3）20	（4）20	（5）20	总分
小题得分						

练习题 2

一、选择题

1. 有如下程序段：

```
MOV R0,#30H
SETB C
CLR A
ADDC A,#00H
MOV @R0,A
```

它的执行结果是（   ）。

  A.（30H）=00H   B.（30H）=01H

  C.（00H）=00H   D.（00H）=01H

2. 下列指令中正确的是（　　）。
   A. MOV　P2.1,A　　　　　　　B. JBC　TF0,L1
   C. MOVX　B,@DPTR　　　　　D. MOV　A,@R3

3. 下列指令中错误的是（　　）。
   A. MOV　A,R4　　　　　　　B. MOV　20H,R4
   C. MOV　A,R3　　　　　　　D. MOV　@R4,R3

4. 下列指令中不影响标志位 Cy 的有（　　）。
   A. ADD A，20H　B. CLR A　　C. RRC A　　D. INC A

5. LJMP 跳转空间最大可达到（　　）。
   A. 2KB　　　　B. 256B　　　C. 128B　　　D. 64KB

6. 在 AT89S52 单片机的片内 RAM 中，可以进行位寻址的地址空间为（　　）。
   A. 00H～2FH　B. 20H～2FH　C. 00H～FFH　D. 20H～FFH

7. 设累加器 A 的内容为 0C9H，寄存器 R2 的内容为 54H，Cy=1，执行指令"SUBB　A,R2"后结果为（　　）。
   A.（A）=74H　　　　　　　　B.（R2）=74H
   C.（A）=75H　　　　　　　　D.（R2）=75H

8. 设（A）=0C3H,（R0）=0AAH，执行指令"ANL A，R0"后结果为（　　）。
   A.（A）=82H　　　　　　　　B.（A）=6CH
   C.（R0）=82　　　　　　　　D.（R0）=6CH

9. 在 AT89S52 单片机中，唯一一个用户不能直接使用的寄存器是（　　）。
   A. PSW　　　　B. DPTR　　　C. PC　　　　D. B

10. 执行如下三条指令后，30H 单元的内容是（　　）。
    MOV　R1,#30H
    MOV　40H,#0EH
    MOV　@R1,40H
    A. 40H　　　　B. 30H　　　C. 0EH　　　D. FFH

11. 在 AT89S52 单片机中，既可位寻址又可字节寻址的单元是（　　）。
    A. 20H　　　　B. 30H　　　C. 00H　　　D. 70H

12. 假定（A）=0C5H，执行指令"SWAP　A"后，累加器 A 的内容为（　　）。
    A. 0CH　　　　B. C0H　　　C. 5CH　　　D. C5H

二、填空题

1. 寻址方式的含义为_____。
2. 复位方式有_____和_____。
3. AT89S52 单片机片外数据存储器寻址空间为_____。
4. AT89S52 单片机常用的寻址方式有_____、_____、_____、_____、_____。
5. 以助记符形式表示的计算机指令就是它的_____语言。

6. 在变址寻址方式中，以_____做变址寄存器，以_____或_____做基址寄存器。

7. AT89S52 单片机片内程序存储器（ROM）的容量为_____，地址从_____开始，用于存放程序和表格常数。

8. AT89S52 输入/输出端口线有_____条，它们都是_____端口。

三、分析题

1. 已知（A）=06H，（R3）=08H。执行下面程序。

```
ADD  A,R3
DA   A
```

结果：（A）=_____。

2. 已知（A）=0C3H，（R0）=55H。执行下面程序。

```
ORL  A,R0
```

结果：（A）=_____，（R0）=_____。

3. 说明下列指令中源操作数采用的寻址方式。

```
MOV   A, R7
MOV   A, 55H
MOV   A, #55H
MOV   A, @R0
MOVC  A, @A+DPTR
```

4. 设（R0）=32H，（A）=48H，（32H）=80H，（40H）=08H。请指出在执行下列程序段后，上述各单元内容的变化。

```
MOV   A, @R0
MOV   @R0,40H
MOV   40H, A
MOV   R0, #35H
```

5. 已知：（A）=0C3H，（R0）=0AAH，（Cy）=1。执行指令"ADDC A，R0"后，（A）=_____，（R0）=_____，Cy=_____，OV=_____，AC=_____。

6. 阅读下列程序段，说明程序段实现的功能，并把每条指令加注释。已知：（40H）=98H，（41H）=0AFH。

```
MOV R0,#40H
MOV A, @R0
INC R0
ADD A, @R0
INC R0
MOV @R0,A
CLR A
ADDC A,#0
INC R0
```

```
MOV  @R0,A
```

7. 已知（A）=83H，（R0）=17H，（17H）=34H，请写出执行完下列程序段后累加器 A 的内容，并写出分析过程。

```
ANL  A,#17H
ORL  17H,A
XRL  A,@R0
CPL  A
```

8. 已知（30H）=40H，（40H）=10H，（10H）=00H，（P1）=CAH，请写出执行以下程序段后，各有关单元的内容。

```
MOV  R0,#30H
MOV  A, @R0
MOV  R1, A
MOV  B, @R1
MOV  @R1,P1
MOV  P2,P1
MOV  10H, #20H
MOV  30H,10H
```

四、编程题

1. 假设两个 8 位无符号数相加，其中一个数在片内 RAM 的 50H、51H、52H 单元中，另一个数在片内 RAM 的 53H、54H、55H 单元中，相加之后放在 50H、51H、52H 单元中，进位存放在 53H 单元中，请编程实现，并画出流程图。

2. 内存中有两个 4 字节无符号数相加，一个存放在 30H～33H 开始的单元中，一个存放在 40H～43H 开始的单元中，请编程求它们的和，结果放在 30H～33H 中。

3. 用移位指令计算 $10 \times X$，已知 X 是一个 8 位无符号数。请编程序实现。

4. 编程将片外 RAM2000H 单元开始存放的 8 个数据传送到片内 RAM50H 开始的单元中。

5. 编程将片内 RAM30H 单元开始存放的 20 个数据传送到片外 RAM1000H 开始的单元中，并画出流程图。

6. 编程将片内 RAM20H 单元开始存放的 32 个数据传送到片内 RAM50H 开始的单元中。

7. 将 1000H 单元内容拆开，高位送 1001H 单元，低位送 1002H 单元，编程实现。

8. R0 低位有一个十六进制数，把它转换成 ASCII 码送入 R0，编程实现。

第3章 中断与定时

学习目标

扫一扫看教学课件：中断与定时

- 了解中断的基本概念、中断的作用及中断请求方式；
- 掌握 AT89S52 单片机的中断结构，以及 6 个中断源的中断请求、中断屏蔽、优先级设置等初始化编程方法；
- 掌握定时器/计数器 4 种工作方式的初始化编程方法；
- 学会使用定时器/计数器编写定时/计数应用程序的方法。

技能目标

- 会编写中断和定时器/计数器初始化程序；
- 会计算定时器/计数器初值；
- 根据项目要求，能够灵活应用中断和定时器/计数器的资源。

扫一扫看本章测试卷题目

扫一扫看本章测试卷答案

项目任务 5　用中断方式控制流水灯的闪烁变化

扫一扫看仿真操作视频：左右流水灯

采用中断方法控制灯的亮灭时，由中断服务程序控制 I/O 口置高、置低，即可控制灯的全亮和全灭。本任务采用中断方式实现 8 个灯的闪烁控制。

外部中断 $\overline{INT1}$ 接按键（KEY），作为中断申请信号，开机后 8 个灯从左到右循环显示，产生中断后，8 个灯全亮、全灭，延时一定时间后再循环。

在本任务中，控制灯全亮、全灭，可采用查询的方法，也可采用申请中断的方法。为了提高 CPU 的工作效率，本任务采用申请中断的方法实现以上功能。

1. 设备要求

（1）装有 Keil μVision2 集成开发环境、编程器软件，并且可在线下载软件的计算机。
（2）单片机最小系统开发平台。

2. 硬件电路

7 个 P1 端口连接 8 个灯，外部中断 $\overline{INT1}$ 接一个按键，即 P3.3 引脚接一个独立按键作为中断申请信号，开机的 8 个灯从左到右循环显示，产生中断后，8 个灯全亮、全灭，延时后再循环，如图 3.1 所示。

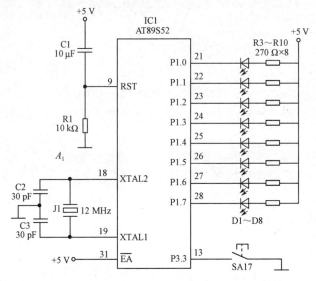

图 3.1　中断控制流水灯

3. 参考程序

硬件连接：P3.3 引脚接一个独立按键，7 个 P1 端口和 8 个灯连接。

（1）汇编程序如下：

```
ORG    0000H          ;伪指令
LJMP   START          ;跳转到单片机的主程序
ORG    0013H          ;外部中断 1（P3.3）的入口地址
LJMP   EXT1           ;跳转到中断服务程序
```

```
            ORG   0100H                  ;伪指令，单片机主程序的开始
START:      MOV   SP, #40H

            MOV   TCON, #00H             ;定时器初始化
            MOV   IE , #84H
            MOV   IP , #04H
            MOV   P1, #0FFH
            MOV   P2, #00H
            MOV   P3, #0FFH              ;设置P1、P2、P3端口状态
LOOP:       MOV   A, #0FFH
            CLR   C
            MOV   R2, #08H
LOOP1:      RLC   A
            MOV   P1, A
            LCALL DELAY
            DJNZ  R2, LOOP1
            JMP   LOOP                   ;灯循环点亮
EXT1:       PUSH  ACC                    ;中断服务程序
            PUSH  PSW
            PUSH  05H
            PUSH  06H
            PUSH  07H
            MOV   R3, #0AH               ;循环次数
LOOP2:      MOV   P1, #00H               ;灯全亮
            LCALL DELAY
            MOV   P1,#0FFH               ;灯全灭
            DJNZ  R3, LOOP2
            PUSH  07H
            PUSH  06H
            PUSH  05H
            POP   PSW
            POP   ACC
            RETI
DELAY:      MOV   R5, #14H               ;延时程序
D1:         MOV   R6, #14H
D2:         MOV   R7, #0FAH
            DJNZ  R7, $
            DJNZ  R6, D2
            DJNZ  R5, D1
            RET
            END
```

（2）C语言程序：一个中断改变流水灯方向，一个中断8个灯全亮、全灭变化5次。

```c
#include <reg52.h>              //头文件
#include <intrins.h>            //包含左右循环移位子函数的库
#define uint unsigned int       //宏定义
#define uchar unsigned char
void delay(uint z);             //延时函数声明
bit liushuid=0;
void main()
{
   uchar temp=0XFE;
   EA=1;                        //中断初始化
   EX1=1;
   EX0=1;
   PX1=1;
   while(1)
   {
    P1=temp;
    delay(500);
    if(liushuid==1) temp=_cror_(temp,1);    //右流水
      else temp=_crol_(temp,1);              //左流水
   }
}
void delay(uint z)                           //延时函数
{
   uint x,y;
   for(x=z;x>0;x--)
       for(y=122;y>0;y--);
}
void extern1() interrupt 2                   //外部中断1
{
  liushuid = ~liushuid;                      //中断后改变流水灯方向
}
void  exter0() interrupt 0                   //外部中断0
{
   uchar  i=5;
   while(i--)
   {
     P1 =0x00;                               //8个灯全亮
     delay(1000);
     P1=0XFF;                                //8个灯全灭
     delay(1000);
```

　　　　}
　　}

4．实施步骤

（1）断电，连接计算机、实验板。

（2）给计算机、实验板通电。

（3）打开计算机，进入 Keil 开发环境。

（4）正确设置通信口，连接好开发环境和实验板。

（5）新建一个项目，并将该项目建立在指定的文件夹中。

（6）新建一个文件，存储的路径与刚才建的项目相同。

（7）将新建的文件添加到项目中，保存项目。

（8）在编辑窗口输入程序，对程序进行汇编、生成和下载。

（9）全速运行程序，观察 8 个灯的变化情况和变化时间。

（10）使用按键产生中断，中断结束后重新开始，观察灯开始点亮的位置。

5．成绩评定

（1）按图 3.1 所示的电路要求在开发板上连线。　　　　　　　　　　（20 分）

（2）在计算机中输入并调试程序，记录调试中出现的问题。　　　　　（10 分）

（3）使用下载软件将程序文件传送到实验板中，运行程序，观察 8 个灯的变化情况和变化时间。　　　　　　　　　　　　　　　　　　　　　　　　　（20 分）

（4）使用按键产生中断，中断结束后重新开始，观察灯从什么地方开始点亮，并说明原因。　　　　　　　　　　　　　　　　　　　　　　　　　　　　（20 分）

（5）采用中断方式编程，要求每按一次按键，灯位置右移一次，并写出程序。（30 分）

小题分值	（1）20	（2）10	（3）20	（4）20	（5）30	总分
小题得分						

3.1 中断

单片机如何实现中断，中断矢量是什么，这些问题将结合项目任务 5 在下面得到解答。

3.1.1 中断的概念

要提高 CPU 的工作效率及对实时系统进行快速响应，可采用中断控制的方式进行信息交换。

在日常生活中广泛存在着"中断"的例子。例如，一个人正在看书，这时电话铃响了，于是他将书放下去接电话，为了在接完电话后继续看书，他必须记下当时的页码，以便在接完电话后，将书取回，从刚才被打断的位置继续往下阅读。由此可见，中断是一个过程。计算机是这样处理的：当有随机中断请求时，CPU 暂停执行现行程序，转去执行中断处理程序，为相应的随机事件服务，处理完毕后 CPU 恢复执行被暂停的现行程序。

在这个过程中，应注意以下几方面。

（1）外部或内部的中断请求是随机的，若当前程序允许处理，中断应立即响应。

（2）在内存中必须有该中断的处理程序。

（3）系统怎样能正确地由现行程序转去执行中断处理程序。

（4）当中断处理程序执行完毕后怎样能正确地返回。

现在再从另一方面分析，整个中断的处理过程就像子程序调用，但是本质的差异是调用的时间是随机的，调用的形式是不同的。因此，可以认为处理中断的过程是一种特殊的子程序调用，如图 3.2 和图 3.3 所示。

中断有两个重要特征：程序切换（控制权的转移）和随机性。

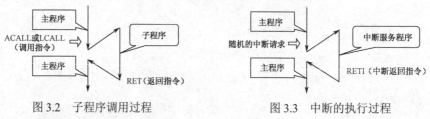

图 3.2　子程序调用过程　　　　图 3.3　中断的执行过程

3.1.2　中断源与中断向量地址

中断源就是向 CPU 发出中断请求的来源。AT89S52 单片机共有 6 个中断源：2 个外部中断（$\overline{INT0}$ 和 $\overline{INT1}$）、3 个定时器中断（定时器 0、1 和 2）和 1 个串行中断。

1．外部中断

外部中断包括外部中断 0 和外部中断 1，它们的中断请求信号分别由单片机引脚 $\overline{INT0}$/P3.2 和 $\overline{INT1}$/P3.3 输入。

外部中断请求有两种信号方式：电平方式和脉冲方式。电平方式的中断请求信号是低电平有效，即只要在 $\overline{INT0}$ 或 $\overline{INT1}$ 引脚上出现低电平，就激活外部中断标志。脉冲方式的中断请求信号则是脉冲的负跳变有效。在这种方式下，在两个相邻机器周期内，$\overline{INT0}$ 或 $\overline{INT1}$ 引脚电平状态发生变化时，即在第一个机器周期内为高电平，而在第二个机器周期内为低电平时，就激活外部中断标志。

2．定时器中断

单片机芯片内部有三个定时器/计数器对脉冲信号进行计数，若脉冲信号为内部振荡器输出的脉冲（机器周期信号），则计数脉冲的个数反映了时间的长短，称为定时方式。若脉冲信号为来自引脚 T0/P3.4、T1/P3.5、T2/P1.0 的外部脉冲信号，则计数脉冲的个数仅仅反映外部脉冲输入的多少，称为计数方式。

当定时器/计数器发生溢出（计算器状态由 FFFFH 再加 1，变为 0000H 状态），CPU 查询到单片机内部硬件自动设置的一个溢出标志位为 1 时，便激活中断。

定时方式中断由单片机芯片内部发生，不需要在芯片外部设置引入端。计数方式中断由外部输入脉冲（负跳变）引起，脉冲加在引脚 T0/P3.4、T1/P3.5、T2/P1.0。

3. 串行中断

串行中断是为满足串行通信的需要而设置的。当串行口发送完或接收完一帧信息时，单片机内部硬件便自动串行发送或接收，中断标志位置 1。当 CPU 查询到这些标志位为 1 时，便激活串行中断。串行中断是由单片机内部自动发生的，不需要在芯片外设置引入脚。

4. 中断矢量地址

中断源发出请求，CPU 响应中断后便转向中断服务程序。中断源引起的中断服务程序入口地址即中断矢量地址。中断矢量地址是固定的，用户不可改变。中断源及其对应的矢量地址如表 3.1 所示。

表 3.1　中断源及其对应的矢量地址

中断源		中断标志位	中断矢量地址
外部中断 0（$\overline{INT0}$）		IE0	0003H
定时器 0（T0）中断		TF0	000BH
外部中断 1（$\overline{INT1}$）		IE1	0013H
定时器 1（T1）中断		TF1	001BH
串行口中断	发送中断	TI	0023H
	接收中断	RI	
定时器 2（T2）中断	T2 溢出中断	TF2	002BH
	T2EX 中断	EXF2	

两个相邻的中断服务程序入口地址间隔仅为 8 字节，一般的中断服务程序是容纳不下的。为解决这个问题，通常是在相应的中断服务程序入口地址中放一条长跳转指令 LJMP，这样就可以转到 64KB 的任何可用区域了。若在 2KB 范围内转移，则可存放 AJMP 指令。

由于 0003H～002BH 是中断矢量地址区，因此单片机应在程序入口地址 0000H 处放一条无条件转移指令（如 LJMP ××××H），转到指定的主程序地址。

3.1.3　中断标志与控制

中断源提出中断申请，即可实现中断。

中断请求就是将单片机内的两个特殊功能寄存器 TCON 与 SCON 的中断请求标志位置 1 的过程。当 CPU 响应中断时，上述标志位通过软件或硬件复位为 0。

1. 定时器/计数器控制寄存器 TCON

TCON 主要用于寄存器外部中断请求标志、定时器溢出标志和外部中断触发方式的选择。该寄存器的字节地址是 88H，可以位寻址，位地址是 88H～8FH。其格式如表 3.2 所示。

表 3.2　TCON 的格式

位序	D7	D6	D5	D4	D3	D2	D1	D0
位标志	TF1	TR1	TF0	TR0	IE1	IT1	IE0	IT0
位地址	8FH	8EH	8DH	8CH	8BH	8AH	89H	88H

其中，与中断有关的控制位共 6 位。

IE0 和 IE1：外部中断请求标志。当 CPU 采样到引脚 $\overline{INT0}$（或 $\overline{INT1}$）出现有效中断请求（低电平或脉冲下降沿）时，IE0（或 IE1）位由片内硬件自动置 1；当中断响应完成转向中断服务程序时，IE0（或 IE1）位由片内硬件自动清 0。

IT0 和 IT1：外部中断请求信号触发方式控制标志。

IT0（或 IT1）=1，引脚 $\overline{INT0}$（或 $\overline{INT1}$）信号为脉冲触发方式，脉冲负跳沿有效。

IT0（或 IT1）=0，引脚 $\overline{INT0}$（或 $\overline{INT1}$）信号为电平触发方式，低电平有效。

IT0（或 IT1）位可由用户软件置 1 或清 0。

TF0 和 TF1：定时器/计数器溢出中断请求标志。当定时器 0（或定时器 1）产生计数溢出时，TF0（或 TF1）由片内硬件自动置 1；当中断响应完成转向中断服务程序时，TF0（或 TF1）由片内硬件自动清 0。

该标志位也可用于查询方式，即用户程序查询该位状态，判断是否应转向对应的处理程序段。待转入处理程序后，其必须由软件清 0。

2．串行口控制寄存器 SCON

SCON 的字节地址是 98H，可以位寻址，位地址是 98H～9FH。其格式如表 3.3 所示。

表 3.3　SCON 的格式

位序	D7	D6	D5	D4	D3	D2	D1	D0
位标志	SM0	SM1	SM2	REN	TB8	RB8	TI	RI
位地址	9FH	9EH	9DH	9CH	9BH	9AH	99H	98H

其中，与中断有关的控制位共 2 位。

TI：串行口发送中断请求标志。当串行口发送完一帧信号后，由片内硬件自动置 1。但 CPU 响应中断时，并不清除 TI，必须在中断服务程序中由软件对其清 0。

RI：串行口接收中断请求标志。当串行口接收完一帧信号后，由片内硬件自动置 1。但 CPU 响应中断时，并不清除 RI，必须在中断服务程序中由软件对其清 0。

应当指出，AT89S52 单片机的系统复位后，TCON 和 SCON 中各位被复位成"0"状态，应用时要注意各位的初始状态。

3．中断允许控制寄存器 IE

CPU 对中断源的开放和屏蔽，以及每个中断源是否被允许中断，都受中断允许控制寄存器 IE 控制。

中断允许控制寄存器 IE 对中断的开放和关闭实行两级控制，即有一个总中断位 EA，6 个中断源还有各自的控制位。

中断允许控制寄存器 IE 的字节地址是 A8H，可以位寻址，位地址是 A8H～AFH。其格式如表 3.4 所示。

表 3.4　IE 的格式

位序	D7	D6	D5	D4	D3	D2	D1	D0
位标志	EA	—	ET2	ES	ET1	EX1	ET0	EX0
位地址	AFH	AEH	ADH	ACH	ABH	AAH	A9H	A8H

其中，与中断有关的控制位共 7 位。

EA：中断允许总控制位。

        EA=0 时，中断总禁止，禁止一切中断。

        EA=1 时，中断总允许，而每个中断源的允许与禁止，分别由各自的允许位确定。

EX0 和 EX1：外部中断允许控制位。

        EX0（或 EX1）=0，禁止外部中断 $\overline{INT0}$（或 $\overline{INT1}$）。

        EX0（或 EX1）=1，允许外部中断 $\overline{INT0}$（或 $\overline{INT1}$）。

ET0 和 ET1：定时器中断允许控制位。

        ET0（ET1）=0，禁止定时器 0（或定时器 1）中断。

        ET0（ET1）=1，允许定时器 0（或定时器 1）中断。

ES：串行中断允许控制位。

        ES=0，禁止串行（TI 或 RI）中断。

        ES=1，允许串行（TI 或 RI）中断。

ET2：定时器 2 中断允许控制位。

        ET2=0，禁止定时器 2（TF2 或 EXF2）中断。

        ET2=1，允许定时器 2（TF2 或 EXF2）中断。

在单片机复位后，IE 各位被复位成"0"状态，CPU 处于关闭所有中断的状态。因此，在单片机复位以后，用户必须通过程序中的指令来开放所需中断。

4．中断优先级控制寄存器 IP

AT89S52 单片机具有高、低 2 个中断优先级。高中断优先级用"1"表示，低中断优先级用"0"表示。各中断源的优先级由中断优先级控制寄存器 IP 进行设定。中断优先级控制寄存器 IP 的字节地址为 B8H，可以位寻址，位地址为 B8H～BFH。该寄存器的内容及位地址表示如表 3.5 所示。

表 3.5 中断优先级控制寄存器 IP 的内容及位地址表示

位序	D7	D6	D5	D4	D3	D2	D1	D0
位标志	—	—	PT2	PS	PT1	PX1	PT0	PX0
位地址	BFH	BEH	BDH	BCH	BBH	BAH	B9H	B8H

其中，与中断有关的控制位共 6 位。

PX0：外部中断 0（$\overline{INT0}$）中断优先级控制位。

PT0：定时器 0（T0）中断优先级控制位。

PX1：外部中断 1（$\overline{INT1}$）中断优先级控制位。

PT1：定时器 1（T1）中断优先级控制位。

PS： 串行口中断优先级控制位。

PT2：定时器 2（T2）中断优先级控制位。

各中断优先级可用软件对中断优先级控制寄存器 IP 的各位置 1 或清 0 来设定，为 1 时是高中断优先级，为 0 时是低中断优先级。

当系统复位后，IP 各位均为 0，所有中断源设置为低优先级中断。

实例 3.1 CPU 开中断可由以下两条指令来实现。

    SETB 0AFH   ;EA 置 1

或

    ORL   IE,#80H   ;按位"或"，EA 置 1

CPU 关中断可由以下两条指令来实现。

    CLR   0AFH   ;EA 清 0

或

    ANL   IE,#7FH   ;按位"与"，EA 清 0

实例 3.2 如设置外部中断源 $\overline{INT0}$ 为高中断优先级，外部中断源 $\overline{INT1}$ 为低中断优先级，可由以下指令来实现。

    SETB 0B8H   ;PX0 置 1
    CLR   0BAH   ;PX1 清 0

或

    MOV   IP,#000××0×1B ;PX0 置 1，PX1 清 0

3.1.4 优先级结构

中断优先级只有高、低两级，所以在工作过程中必然会有两个或两个以上中断源处于同一优先级。若出现这种情况，内部中断系统对各中断源的处理遵循以下两条基本原则。

（1）低中断优先级可以被高中断优先级所中断，反之不能。

（2）一种中断（不管是什么优先级）一旦得到响应，与它同级的中断不能再中断它。

当 CPU 同时收到几个同一优先级的中断请求时，CPU 将按同级自然优先级顺序确定应该响应哪个中断请求。其同级自然优先级顺序排列如下。

中断源	同级自然优先级
外部中断 0	最高级
定时器 0 中断	↓
外部中断 1	
定时器 1 中断	
串行口中断	
定时器 2 中断	最低级

3.1.5 中断系统的初始化及应用

1. 中断系统的初始化

扫一扫看微课视频：中断系统的初始化

AT89S52 单片机中断系统是通过 4 个与中断有关的特殊功能寄存器 TCON、SCON、IE 和 IP 进行统一管理的。中断系统初始化是指用户对这些特殊功能寄存器中的各控制位进行赋值。

中断系统初始化步骤如下。

(1) CPU 开中断或关中断。
(2) 某中断源中断请求的允许或禁止（屏蔽）。
(3) 设定所用中断的中断优先级。
(4) 若为外部中断，则应规定是低电平还是负边沿的中断触发方式。

实例 3.3 请写出 $\overline{INT1}$ 为低电平触发的中断系统初始化程序。

解 （1）采用位操作指令：

```
SETB  EA            ;CPU 开中断
SETB  EX1           ;开 INT1 中断
SETB  PX1           ;令 INT1 为高中断优先级
CLR   IT1           ;令 INT1 为低电平触发
```

（2）采用字节型指令：

```
MOV   IE,#84H       ;开 INT1 中断
ORL   IP,#04H       ;令 INT1 为高中断优先级
ANL   TCON,#0FBH    ;令 INT1 为低电平触发
```

显然，采用位操作指令进行中断系统初始化比较简单，因为用户不必记住各控制位在寄存器中的确切位置，而使用控制名称比较容易记忆。

2. 中断系统的应用

中断管理与控制程序一般包含在主程序中，根据需要通过几条指令来实现。例如：

```
       ORG   ADDRESS
       AJMP  INTVS
       ⋮
INTVS: CLR   EA          ;关中断
       PUSH  PSW         ;保护现场
       PUSH  A
       ⋮
       SETB  EA          ;开中断，允许 CPU 响应高级中断
       ⋮
       中断服务
       ⋮
       CLR   EA          ;关中断
       POP   A           ;恢复现场
       POP   PSW
       ⋮
       SETB  EA          ;开中断
       RETI              ;中断返回
```

其中，ADDRESS 为 AT89S52 单片机的中断入口地址，INTVS 为与中断入口地址相对应

的中断服务程序首地址。

实例 3.4 使用一个如图 3.4 所示的按键控制流水灯，每按一次按键，流水灯的流动方向改变一次，要求使用中断技术处理按键。

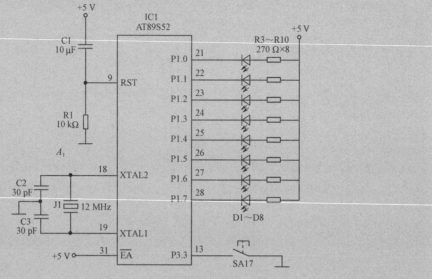

图 3.4 按键控制流水灯

解 如图 3.4 所示，按键接在 P3.3 引脚，因此采用外部中断 1，中断申请从 $\overline{INT1}$/P3.3 输入回路。每按一次按键，产生一次中断，流水灯流动方向便改变一次。当开关 SA17 闭合时，发出中断请求。中断服务程序的矢量地址为 0013H。

（1）汇编程序如下：

```
                ORG   0000H          ;定义下一条指令的地址
                LJMP  START          ;转向主程序
                ORG   0013H          ;安排外部中断1处理程序的第一条指令
                LJMP  KEYS           ;直接转移到中断处理程序
                ORG   0100H          ;主程序起点
        START:  MOV   SP, #40H       ;设置堆栈栈底指针
                SETB  IT1            ;设置外部中断1的中断方式为下降沿中断
                SETB  EX1            ;开放外部中断1
                SETB  EA             ;开放总中断
                MOV   A, #0FEH       ;#0FEH送累加器A
        L1:     MOV   P1, A          ;累加器A中内容送P1端口
                MOV   R7, #0FFH      ;延时
        L3:     MOV   R6, #0FFH
        L2:     DJNZ  R6, L2
                DJNZ  R7, L3
                JNB   FX, L4         ;FX=0时转移到L4（FX是流水灯流动方向标志）
                RL    A              ;累加器A中内容左移一位
```

```
                SJMP    L5              ;转移至L5
L4:             RR      A               ;累加器A中内容右移一位
L5:             SJMP    L1              ;转移至L1
```

按键中断子程序，在确认按键后改变方向标志FX的状态。

```
                ORG     0300H           ;中断处理程序入口
KEYS:           MOV     R7, #20H        ;首先延时去抖
K1:             MOV     R6, #0FFH
KK1:            DJNZ    R6, KK1
                DJNZ    R7, K1
                CPL     FX              ;确认按键按下，改变方向标志位状态
K2:             RETI                    ;中断结束返回
FX              BIT     00H             ;定义位变量，用于判断方向
                END                     ;结束
```

(2) C语言程序：

```c
#include <reg52.h>              //头文件
#include <intrins.h>            //包含左右循环移位子函数的库
#define uint unsigned int       //宏定义
#define uchar unsigned char
void delay(uint z);
bit liushuid=0;
void main()                     //主函数
{
    uchar temp=0XFE;
    EA=1;                       //中断初始化
    EX1=1;
    while(1)
    {
       P1=temp;
       delay(500);
       if(liushuid==1) temp=_cror_(temp,1);
         else temp=_crol_(temp,1);
    }
}
void delay(uint z)
{
    uint x,y;
    for(x=z;x>0;x--)
        for(y=122;y>0;y--);
}
```

```
void extern1( ) interrupt 2
{
    liushuid = ~liushuid;        //中断后改变流水灯方向
}
```

项目训练 5　采用中断方式控制 8 个灯流水方向

1．训练要求

（1）进一步掌握中断的概念。

（2）进一步掌握中断系统的使用方法。

2．训练目标

通过按键改变 8 个灯的流水方向，要求每按一次按键，流水灯的流水方向改变一次。

3．工具器材

直流稳压电源、实验板、跳线、元器件等。

4．训练步骤

（1）画出流程图，编写源程序。　　　　　　　　　　　　　　　　　　　（40 分）

（2）输入源程序，并进行编译、连接。　　　　　　　　　　　　　　　　（40 分）

（3）将机器语言代码程序传送到实验板中，观察运行结果。　　　　　　（20 分）

5．成绩评定

小题分值	（1）40	（2）40	（3）20	总分
小题得分				

项目任务 6　用定时方式实现流水灯的速度变化

1．实施要求

　　将 8 个灯从左到右循环显示，通过按键改变循环的速度，最小为 0.2 s，最大为 2 s，即流水灯的流动速度分为 10 级，使用按键控制流动速度。每按一次按键，流水灯的流动速度改变 1 级。按一次按键，速度增加 1 级，逐步增加，增加到最大速度后，再降低为最小速度，如此循环。采用定时器 T0、方式 1，定时器定时时长是 0.05 s。

2．设备要求

（1）装有 Keil μVision2 集成开发环境、编程器软件并且可以在线下载软件的计算机。

（2）直流电源 5 V、实验板、跳线、元器件等。

3．硬件电路

速度可控制流水灯电路如图 3.5 所示。

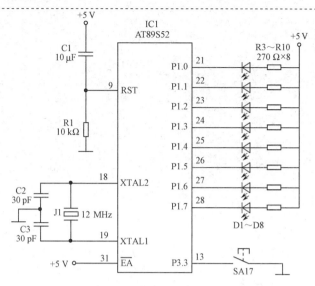

图 3.5 速度可控制流水灯电路

P3.3 引脚接按键，低电平有效。P1 端口和 8 只发光二极管连接。

4．软件设计

1）定时器初值计算

$$定时时间=(2^{16}-计数初值)\times机器周期$$
$$50\times10^3=(2^{16}-X)\times1$$
$$X=65\,536-50\,000=15\,536$$

转换为二进制数：00111100　10110000 B。

　　　　　　　　　高 8 位　　低 8 位

高 8 位=3CH，装入 TH0；低 8 位=0B0H，装入 TL0。

2）任务分析

一个阶梯为 0.2 s，采用定时中断，时长为 0.05 s。

3）内存分配

(50H) ←#04H，4×0.05 s=0.2 s 的阶梯长度。
51H 单元作为按键次数计数器，值为 1～10。
52H 单元作为步长。
53H 单元作为定时中断计数器，当 53H 单元内容和 52H 单元内容相等时，左移一次。
55H 单元作为显示内容。

4）程序分析

本系统的程序共有以下几部分。

① 主程序。

② 定时中断处理子程序。

③ 按键中断处理子程序。
(1) 汇编程序如下：

```
        ORG      0000H
        LJMP     MAIN
        ORG      000BH
        LJMP     CTCS
        ORG      0013H
        LJMP     KEYS
        ORG      0100H
MAIN:   MOV      SP,#60H        ;设置堆栈指针
        MOV      TMOD,#01H      ;设置定时/计数器0工作模式
        MOV      TL0,#0B0H      ;设置定时/计数器0初值
        MOV      TH0,#0CH
        MOV      50H,#04H
        MOV      51H,#00H
        MOV      53H,#00H
        SETB     TR0            ;启动定时/计数器
        SETB     ET0            ;允许定时/计数器0中断
        SETB     EX1            ;允许外部中断1
        SETB     IT1            ;设置外部中断1为下降沿中断
        SETB     EA             ;允许总中断
        MOV      XS,#0FEH       ;设置显示控制字初值
LP1:    SJMP     LP1            ;主程序停止在本指令
        KEY      EQU      P3.3
        XS       EQU      55H

定时中断处理子程序:

        ORG      0200H
CTCS:   PUSH     PSW            ;保护现场
        PUSH     ACC
        MOV      TL0, #0B0H     ;恢复定时/计数器初值
        MOV      TH0, #0CH
        INC      53H
        MOV      A, 53H
        CJNE     A, 52H, KK1
        MOV      A, XS
        RL       A              ;调整显示控制字
        MOV      XS, A
        MOV      P1, A          ;输出显示
        MOV      53H, #00H
KK1:    POP      ACC
```

```
        POP         PSW             ;恢复现场
        RETI                        ;中断返回
```

按键中断处理子程序：

```
        ORG     0300H
KEYS:   PUSH        PSW
        PUSH        ACC
        MOV         R7,#14H
K1:     MOV         R6,#0FFH
        DJNZ        R6,$
        DJNZ        R7, K1
        JB          KEY, K2
        INC         51H
        MOV         A, 51H
        CJNE        A, #0BH, K3
        MOV         51H, #01H
K3:     MOV         B, 50H
        MOV         A, 51H
        MUL         AB
        MOV         52H, A
        POP         ACC
        POP         PSW
K2:     RETI
        END
```

（2）C语言程序如下：

```
#include<reg52.h>                //包含52单片机头文件
#include <intrins.h>
#define uint  unsigned int       //宏定义
#define uchar unsigned char
void delay(uint z);              //函数声明
sbit keyint=P3^3;
uchar temp,intnum,n50ms;
void  main()                     //主函数
{
    TMOD|=0X01;                  //中断初始化
    TH0=(65536-50000)/256;
    TL0=(65536-50000)%256;
    TR0=1;
    EA=1;
    ET0=1;
    EX1=1;
```

```
        PT0=1;
        temp=0xfe;
        while(1)
        {
            P1=temp;
            if(n50ms==(4+intnum*4))
            {
                n50ms=0;
                temp=_crol_(temp,1);        //左流水
            }
        }
}

void delay(uint z)                          //延时
{
    uint x,y;
    for(x=z;x>0;x--)
        for(y=122;y>0;y--);
}
void  extern1()  interrupt 2                //外部中断1改变流水速度
{
    if(keyint==0)
    {
      delay(10);
      if(keyint==0)
      {
          while(!keyint);
          if(intnum==10)
          intnum=0;
          else
          intnum++;
      }
    }
}
void timer0()  interrupt 1                  //定时T0
{
    TH0=(65536-50000)/256;
    TL0=(65536-50000)%256;
    n50ms++;
}
```

5. 实施步骤

（1）连接硬件电路，输入并调试程序，再将程序下载到实验板中。　　（40 分）

（2）运行程序，观察流水灯效果，按下按键开关观察显示变化。　　（10 分）

（3）将定时/计数器 0 改为定时/计数器 1，试修改后运行程序，观察运行结果。（10 分）

（4）流水灯每步步长修改为 10 ms。　　（20 分）

（5）将流水灯的流动方式改为如表 3.6 所示的流动方式，编程实现。　　（20 分）

表 3.6　流水灯的流动方式

步序	D0	D1	D2	D3	D4	D5	D6	D7
1	亮	灭	灭	灭	灭	灭	灭	灭
2	亮	亮	灭	灭	灭	灭	灭	灭
3	亮	亮	亮	灭	灭	灭	灭	灭
4	亮	亮	亮	亮	灭	灭	灭	灭
5	亮	亮	亮	亮	亮	灭	灭	灭
6	亮	亮	亮	亮	亮	亮	灭	灭
7	亮	亮	亮	亮	亮	亮	亮	灭
8	亮	亮	亮	亮	亮	亮	亮	亮

6. 成绩评定

小题分值	（1）40	（2）10	（3）10	（4）20	（5）20	总分
小题得分						

3.2 定时器与计数器

扫一扫看微课视频：
定时器与计数器的
工作方式

单片机内部有 3 个 16 位可编程的定时/计数器，即定时器 T0、定时器 T1 和定时器 T2。它们既可用作定时器方式，又可用作计数器方式，且都有 4 种工作方式可供选择。但 T0、T1 与 T2 的 4 种工作方式不同，这些将在本节内详细介绍。

3.2.1 定时器/计数器的结构与功能

本节主要介绍定时器 0（T0）和定时器 1（T1）的结构与功能。图 3.6 所示为定时/计数器的结构框图。由图 3.6 可知，定时/计数器由定时器 0、定时器 1、定时器方式寄存器 TMOD 和定时器控制寄存器 TCON 组成。

定时器 0、定时器 1 是 16 位加法计数器，分别由两个 8 位专用寄存器组成：定时器 0 由 TH0 和 TL0 组成，定时器 1 由 TH1 和 TL1 组成。

TL0、TL1、TH0、TH1 的访问地址依次为 8AH～8DH，每个寄存器均可单独访问。定时器 0 或定时器 1 用作定时器时，对内部机器周期脉冲计数，由于机器周期是定值，故计数值确定时，时间也随之确定；用作计数器时，对芯片引脚 T0（P3.4）或 T1（P3.5）上输入的脉冲计数，每输入一个脉冲，加法计数器加 1。

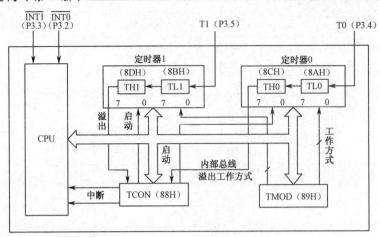

图 3.6 定时器/计数器的结构框图

TMOD、TCON 与定时器 0 和定时器 1 之间通过内部总线及逻辑电路连接，TMOD 用于设置定时器的工作方式，TCON 用于控制定时器的启动与停止。

1. 计数功能

采用计数方式时，定时器/计数器的功能是记录来自 T0（P3.4）和 T1（P3.5）的外部脉冲信号的个数。

输入脉冲由 1 变 0 的下降沿时，计数器的值增加 1，直到回 0 产生溢出中断，表示计数已达预期个数，外部输入信号的下降沿将触发计数。识别一个从 1 到 0 的跳变需 2 个机器周期，所以对外部输入信号最高的计数速率是晶振频率的 1/24。若晶振频率为 6 MHz，则计数脉冲频率应低于 1/4 MHz。当计数器满后，再来一个计数脉冲，计数器就全部回 0，这就是溢出。

脉冲的计数长度与计数器预先装入的初值有关。初值越大，计数长度越小；初值越小，计数长度越大。最大计数长度为 65 536（2^{16}）个脉冲（初值为 0）。

2. 定时方式

采用定时方式时，定时器/计数器记录单片机片内振荡器输出的脉冲（机器周期信号）个数。每一个机器周期使 T0 或 T1 的计数器增加 1，直至计满回 0，自动产生溢出中断请求。

定时器的定时时间不仅与定时器的初值有关，而且与系统的时钟频率有关。在机器周期一定的情况下，初值越大，定时时间越短；初值越小，定时时间越长。最长的定时时间为 65 536（2^{16}）个机器周期（初值为 0）。

3.2.2 定时器/计数器控制寄存器

与定时器/计数器有关的控制寄存器共有 4 个：TCON、TMOD、IE、IP。IE、IP 已在中断一节中介绍，这里不再赘述。

1. 定时器/计数器控制寄存器 TCON

TCON 用于控制定时器的操作及对定时器中断进行控制，其各位定义格式如表 3.7 所示。其中，D0～D3 位与外部中断有关，已在中断系统一节中有过介绍。

第 3 章 中断与定时

表 3.7 TCON 的各位定义格式

位序	D7	D6	D5	D4	D3	D2	D1	D0
位地址	8FH	8EH	8DH	8CH	8BH	8AH	89H	88H
位标志	TF1	TR1	TF0	TR0	IE1	IT1	IE0	IT0

TF0 和 TF1：定时器/计数器溢出标志位。当定时器/计数器 0（或定时器/计数器 1）溢出时，由硬件自动对 TF0（或 TF1）置 1，并向 CPU 申请中断。CPU 响应中断后，自动对 TF1 清 0。此外，TF1 还可以用软件清 0。

TR0 和 TR1：定时器/计数器运行控制位。

TR0（或 TR1）=0，停止定时器/计数器 0（或定时器/计数器 1）。

TR0（或 TR1）=1，启动定时器/计数器 0（或定时器/计数器 1）。

可由软件置 1（或清 0）来启动（或关闭）定时器/计数器，使定时器/计数器开始计数；也可用指令 SETB（或 CLR）使运行控制位置 1（或清 0）。

2．定时器/计数器工作方式寄存器 TMOD

TMOD 用于控制定时器/计数器的工作方式，字节地址为 89H，不可位寻址，只能用字节设置其内容。TMOD 的格式如表 3.8 所示。

表 3.8 TMOD 的格式

定时器/计数器	定时器/计数器 1				定时器/计数器 0			
位序	D7	D6	D5	D4	D3	D2	D1	D0
位标志	GATE	$C/\overline{T}$	M1	M0	GATE	$C/\overline{T}$	M1	M0

其中，低 4 位用于 T0，高 4 位用于 T1。

GATE：门控位。

GATE=0，只要用软件使 TR0（或 TR1）置 1，就能启动定时器/计数器 0（或定时器/计数器 1）。

GATE=1，只有在引脚 $\overline{INT0}$（或 $\overline{INT1}$）为高电平的情况下，且由软件使 TR0（或 TR1）置 1 时，才能启动定时器/计数器 0（或定时器/计数器 1）。

不管 GATE 处于什么状态，只要 TR0（或 TR1）=0，定时器/计数器便停止工作。

$C/\overline{T}$：定时器/计数器工作方式选择位。

$C/\overline{T}$=0，为定时工作方式。

$C/\overline{T}$=1，为计数工作方式。

M0、M1：工作方式选择位，可以确定 4 种工作方式，如表 3.9 所示。

表 3.9 定时器/计数器的 4 种工作方式

M1	M0	工作方式	功 能 说 明
0	0	0	13 位计数器
0	1	1	16 位计数器
1	0	2	自动再装入 8 位计数器
1	1	3	定时器 0：分成两个 8 位计数器。定时器 1：停止计数

3.2.3 定时器/计数器的工作方式与程序设计

通过对特殊功能寄存器 TMOD 中 M1、M0 两位的设置来选择 4 种工作方式,定时器/计数器的工作方式 0、1 和 2 相同,它们与工作方式 3 的设置差别较大。

1. 工作方式 0

在工作方式 0 下,特殊功能寄存器 TMOD 中的 M1、M0 均为 0。定时器/计数器 T0 工作在工作方式 0 时,16 位计数器只用了 13 位,即 TH0 的高 8 位和 TL0 的低 5 位,组成一个 13 位定时器/计数器。当 TL0 的低 5 位计满溢出时,向 TH0 进位,当 TH0 溢出时,对中断标志位 TF0 置位,向 CPU 申请中断。定时器/计数器 T0 工作在工作方式 0 的逻辑结构图如图 3.7 所示。

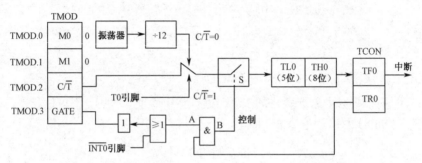

图 3.7 定时器/计数器 T0 工作在工作方式 0 的逻辑结构图

1) 工作在定时方式

$C/\overline{T}=0$,定时器对机器周期计数。定时器在工作前,应先对 13 位的计数器赋值,开始计数时,在初值的基础上进行减 1 计数。

定时时间的计算公式为:

$$定时时间=(2^{13}-计数初值)\times 晶振周期\times 12$$

或

$$定时时间=(2^{13}-计数初值)\times 机器周期$$

若晶振频率为 12 MHz,则最短定时时间为:

$$[2^{13}-(2^{13}-1)]\times(1/12)\times 10^{-6}\times 12\ \mu s=1\ \mu s$$

最长定时时间为:

$$(2^{13}-0)\times(1/12)\times 10^{-6}\times 12=8192\ \mu s$$

2) 工作在计数方式

$C/\overline{T}=1$,13 位计数器对外部输入信号进行加 1 计数。

$\overline{INT0}$ 由 0 变为 1 时,开始计数;$\overline{INT0}$ 由 1 变为 0 时,停止计数,可以测量在 $\overline{INT0}$ 端出现的正脉冲的宽度。计数值的范围是 $1\sim 2^{13}$(1~8192 个外部脉冲)。

实例 3.5 假设 AT89S52 单片机的晶振频率为 12 MHz,要求定时时间为 8 ms,使用定时器 T0、工作方式 0,计算定时器初值。

解 定时时间 $t=(2^{13}-X)\times$ 机器周期

当单片机晶振频率为 12 MHz 时,机器周期为 1 μs。

$8\times10^{-3} = (2^{13}-X) \times 1$

$X = 8192-8000 = 192$

转换成二进制数:11000000B。

定时器初值:TH0=00H, TL0=0C0H。

实例3.6 利用定时器 T0 在工作方式 0 产生 1 ms 的定时,在 P1.2 引脚上输出周期为 2 ms 的方波,设单片机晶振频率 f_{osc}=12 MHz,求输出方波。

解 (1)解题思路:要在 P1.2 引脚输出周期为 2 ms 的方波,只要使 P1.2 引脚每隔 1 ms 取反一次即可。执行指令"CPL P1.2"。

(2)确定工作方式:方式 0,TMOD=00H。

bit	D7	D6	D5	D4	D3	D2	D1	D0
TMOD	GATE	C/T̄	M01	M0	GATE	C/T̄	M1	M0
	定时器/计数器T1				定时器/计数器T0			

C/T̄=0:定时器 T0 为定时功能(D2 位)。

GATE=0,只要用软件使 TR0(或 TR1)置 1,就能启动定时器 T0(或 T1)。

M1M0=00,采用工作方式 0,因此 TMOD 的值为 00H。

TMOD.4~TMOD.7 可取任意值,因定时器 T1 不用,这里取 0 值。

使用"MOV TMOD,#00H"即可设定定时器 T0 的工作方式。

(3)计算定时 1 ms 时定时器 T0 的初值。

机器周期:$T=1/f_{osc}\times12=1$ μs

计数个数:$X=1$ ms/1 μs=1000

设定时器 T0 的计数初值为 X_0,则 $X_0=(2^{13}-X)$

$\qquad\qquad\qquad =8192-1000$

$\qquad\qquad\qquad =7192D$

转换成二进制数:11100000 11000B。

$\underbrace{11100000}_{\text{高 8 位}}\ \underbrace{11000}_{\text{低 5 位}}$

将高 8 位 11100000 = 0E0H 装入 TH0;将低 5 位 11000B= 18H 装入 TL0。

bit	AFH	AEH	ADH	ACH	ABH	AAH	A9H	A8H	
IE	EA			ES	ET1	EX1	ET0	EX0	A8H
	1						1		

EA = 1,CPU 开放中断;ET0 = 1,允许定时器 T0 中断。

(4)编程。

```
        ORG  0000H
        LJMP MAIN           ;转主程序 MAIN
        ORG  000BH
        LJMP IT0P           ;转定时器 T0 中断服务程序 IT0P
        ORG  1000H
MAIN:   MOV  SP,#60H        ;设堆栈指针
```

```
            MOV   TMOD,#00H       ;设置定时器T0为工作方式0,定时
            MOV   TL0 , #18H      ;送定时初值
            MOV   TH0,#0E0H
            SETB  EA              ;CPU开中断
            SETB  ET0             ;定时器T0允许中断
            SETB  TR0             ;启动定时器T0定时
HERE:       SJMP  HERE            ;等待中断
中断服务程序:
            ORG   1200H           ;定时器T0中断入口
IT0P:       MOV   TL0,#18H        ;重新装入计数初值
            MOV   TH0,#0E0H
            CPL   P1.2            ;输出方波
            RETI                  ;中断返回
            END
```

2. 工作方式1

在工作方式1下,特殊功能寄存器TMOD中的M1、M0分别为0和1。定时器/计数器T0采用工作方式1与工作方式0类似,差别在于其中的计数器的位数。工作方式1以16位计数器参与计数。

定时器/计数器T0工作在工作方式1的逻辑结构图如图3.8所示。

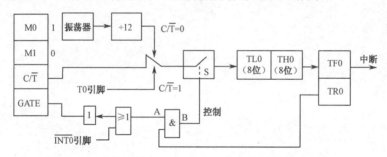

图3.8 定时器/计数器T0工作在工作方式1的逻辑结构图

1)工作在定时方式

$C/\overline{T}=0$,定时器对机器周期计数。定时时间的计算公式为:

$$定时时间=(2^{16}-计数初值)\times 晶振周期 \times 12$$

或

$$定时时间=(2^{16}-计数初值)\times 机器周期$$

若晶振频率为12 MHz,则最短定时时间为:

$$[2^{16}-(2^{16}-1)]\times(1/12)\times 10^{-6}\times 12 =1\ \mu s$$

最长定时时间为:

$$(2^{16}-0)\times(1/12)\times 10^{-6}\times 12=65\ 536\ \mu s=65.5\ ms$$

2)工作在计数方式

$C/\overline{T}=1$,16位计数器对外部输入信号进行加1计数,计数值的范围是$1\sim 2^{16}$(65 536)。

实例 3.7 假设 AT89S52 单片机的晶振频率为 12 MHz，所需定时时间为 10 ms，当定时器/计数器 T0 工作在工作方式 1 时，计数器 T0 的初值是多少？

解 定时时间 $t=(2^{16}-X_0)\times$机器周期

当单片机晶振频率为 12 MHz 时，机器周期为 1 μs。

$10\times10^3=(2^{16}-X_0)\times1$

$X_0=65\,536-10\,000=55\,536$

转换成二进制数：1101100011110000B。

初值：TH0=0D8H，TL0=0F0H。

实例 3.8 用定时器 T0 产生 50 Hz 的方波，由 P1.0 引脚输出此方波（设时钟频率为 12 MHz），采用中断方式，试写程序完成输出方波功能。

解 50 Hz 的方波周期 $T=1/50=20$ ms。

可以用定时器产生 10 ms 的定时，每隔 10 ms 改变一次 P1.0 引脚的电平，即可得到 50 Hz 的方波。定时器 T0 应工作在工作方式 1。

（1）工作在工作方式 1 时的定时器 T0 初值根据下式计算。

定时时间 $t=(2^{16}-X)\times$机器周期

时钟频率为 12 MHz，则机器周期为 1 μs。

$10\times10^3=(2^{16}-X)\times1$

计数初值 $X=65\,536-10\,000=55\,536$

转换为二进制数：11011000 11110000 B。
　　　　　　　　　　　　　　高 8 位　低 8 位

高 8 位=0D8H，装入 TH0；低 8 位=0F0H，装入 TL0。

（2）汇编程序如下：

```
        ORG   0000H
        LJMP  MAIN
        ORG   000BH         ;定时器 T0 的中断入口地址
        LJMP  T0INT
        ORG   0100H
MAIN:   MOV   TMOD,#01H     ;设置定时器 T0 为工作方式 1
        MOV   TH0,#0D8H     ;装入定时器初值
        MOV   TL0,#0F0H
        SETB  ET0           ;设置定时器 T0 允许中断
        SETB  EA            ;CPU 开中断
        SETB  TR0           ;启动定时器 T0
        SJMP  $             ;等待中断
```

中断服务程序：

```
        ORG   0300H
T0INT:  CPL   P1.0          ;P1.0 引脚取反
        MOV   TH0,#0D8H     ;重新装入定时初值
```

```
            MOV  TL0 , #0F0H
            RETI
注：        SETB ET0              ;设置定时器 T0 允许中断
            SETB EA               ;CPU 开中断
```
这两条指令可以等效为"MOV IE,#82H"。

（3）C语言程序如下：
```c
#include<reg52.h>              //52 单片机头文件
#define uint unsigned int      //宏定义
#define uchar unsigned char    //宏定义
sbit LED=P1^0;
uchar tt;
void main()                    //主函数
{
    TMOD=0x01;                 //设置定时器 T0 为工作方式 1
    TH0=(65536-10000)/256;     //初值
    TL0=(65536-10000)%256;
    EA=1;                      //开总中断
    ET0=1;                     //开定时器 T0 中断
    TR0=1;                     //启动定时器 T0
    while(1);                  //等待中断产生
}
void timer0() interrupt 1      //定时器 T0，中断序号是 1
{
    TH0=(65536-10000)/256;
    TL0=(65536-10000)%256;
    tt++;
    if(tt==50)
    {
        tt=0;
        LED=~LED;
    }
}
```

3．工作方式 2

定时器/计数器 T0 工作在工作方式 2 的逻辑结构图如图 3.9 所示。

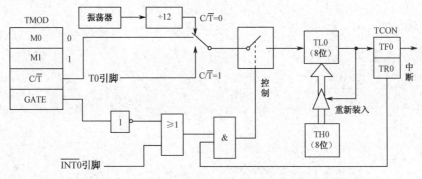

图 3.9 定时器/计数器 T0 工作在工作方式 2 的逻辑结构图

在工作方式 2 下,特殊功能寄存器 TMOD 中的 M1、M0 分别为 1 和 0。

定时器/计数器 T0 工作在工作方式 2 时,16 位的计数器分成了两个独立的 8 位计数器 TH0 和 TL0。此时,定时器/计数器 T0 构成了一个能重复置初值的 8 位计数器。

其中,TL0 用作 8 位计数器,TH0 用来保存计数的初值。TL0 计满溢出时,自动将 TH0 的初值再次装入 TL0。

1)工作在定时方式

$C/\overline{T}=0$,定时器对机器周期计数。定时时间的计算公式为:

$$定时时间=(2^8-计数初值) \times 晶振周期 \times 12$$

或

$$定时时间=(2^8-计数初值) \times 机器周期$$

若晶振频率为 12MHz,则最短定时时间为:

$$[2^8-(2^8-1)] \times (1/12) \times 10^{-6} \times 12 = 1\ \mu s$$

最长定时时间为:

$$(2^8-0) \times (1/12) \times 10^{-6} \times 12 = 256\ \mu s$$

2)工作在计数方式

$C/\overline{T}=1$,8 位计数器对外部输入信号进行加 1 计数,计数值的范围是 $1 \sim 2^8$(256)。

实例 3.9 利用计数器 T0 工作方式 2 实现以下功能。

当计数器 T0 P3.4 引脚每输入一个负脉冲时,P1.0 引脚输出一个 500 μs 的同步脉冲。设晶振频率为 6 MHz,请编程实现该功能,其波形图如图 3.10 所示。

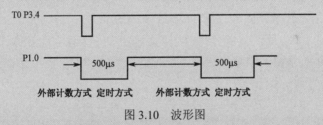

图 3.10 波形图

解 (1)确定工作方式。

首先计数器 T0 采用工作方式 2,选外部计数方式。当 P3.4 引脚上的电平发生负跳变时,计数器 T0 加 1,溢出标志 TF0 置 1;然后改变计数器 T0 为 500 μs 定时工作方式,并使 P1.0 引脚输出由 1 变为 0。计数器 T0 定时到产生溢出,使 P1.0 引脚恢复输出高电平。计数器 T0 先计数,后定时,分时操作。

根据题目要求计算方式控制字 TMOD 如下。

计数时:(TMOD)=00000110B=06H。

定时时:(TMOD)=00000010B=02H。

(2)计算初值。

机器周期:$T=12/f_{osc}=2\ \mu s$

计数时:计数个数 $X=1$

计数初值=(256-X)=(256-1)=255=0FFH,(TH0)=(TL0)=0FFH。

定时时：计数个数 $X=500/2=250$
定时初值=$256-X=256-250=6$
（TH0）=（TL0）=06H。
（3）编程方法：采用查询方法。

```
START:  MOV   TMOD,#06H     ;计数器T0采用工作方式2，外部计数方式
        MOV   TH0,#0FFH     ;计数器T0计数初值
        MOV   TL0,#0FFH
        SETB  TR0           ;启动计数器T0计数
LOOP1:  JBC   TF0,PTF01     ;查询计数器T0溢出标志，TF0=1时转移且TF0=0（查P3.4引脚负跳变）
        SJMP  LOOP1
PTF01:  CLR   TR0           ;停止计数
        MOV   TMOD,#02H     ;计数器T0采用工作方式2，定时方式
        MOV   TH0,#06H      ;计数器T0定时500 μs初值
        MOV   TL0,#06H
        CLR   P1.0          ;P1.0引脚清0
        SETB  TR0           ;启动定时500 μs
LOOP2:  JBC   TF0,PTF02     ;查询溢出标志，定时到TF0=1时转移且TF0=0（是否到第一
                             个500 μs）
        SJMP  LOOP2
PTF02:  SETB  P1            ;P1.0引脚置1（到了第一个500 μs）
        CLR   TR0           ;停止计数
        SJMP  START
```

4. 工作方式3

在工作方式3下，特殊功能寄存器 TMOD 中的 M1、M0 分别为 1 和 1。工作方式 3 仅对定时器/计数器 T0 有效。此时，将 16 位的计数器分为两个独立 8 位计数器 TH0 和 TL0。当定时器/计数器 T0 工作在工作方式 3 时，定时器/计数器 T1 只能工作在工作方式 0~2，并且工作在不需要中断的场合。

在一般情况下，当定时器/计数器 T1 用作串行口波特率发生器时，定时器/计数器 T0 才设置为工作方式 3。此时常把定时器/计数器 T1 设置为工作方式 2，用作串行口波特率发生器。

定时器/计数器 T0 工作在工作方式 3 的逻辑结构图如图 3.11 所示。

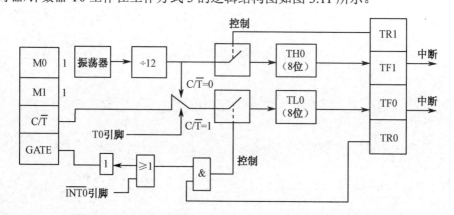

图3.11　定时器/计数器T0工作在工作方式3的逻辑结构图

实例 3.10 设某用户系统中已使用了两个外部中断源，并设置定时器 T1 工作在工作方式 2，作为串行口波特率发生器使用。现要求再增加一个外部中断源，并由 P1.0 引脚输出一个 5 kHz 的方波，f_{osc}=12 MHz。

（1）确定工作方式。

计数器 T0 工作在工作方式 3 时，TL0 作为计数用，而 TH0 可用作 8 位的定时器，定时控制 P1.0 引脚输出 5 kHz 的方波信号。定时器 T1 工作在工作方式 2 时，TMOD：0010 0111B = 27H。

（2）计算初值。

TL0 的初值是 FFH；TH0 的初值 X_0 的计算过程如下。

P1.0 引脚的方波频率为 5 kHz，故周期 T=1/（5 kHz）=0.2 ms=200 μs。

用 TH0 定时 100 μs 时，X_0=256–100=156=9CH。

（3）程序如下：

```
    MOV  TMOD,#27H    ;计数器 T0 为工作方式 3,计数;定时器 T1 为工作方式 2,定时
    MOV  TL0, #0FFH   ;置 TL0 计数初值
    MOV  TH0, #9CH    ;置 TH0 计数初值
    MOV  TH1, #data   ;data 是根据波特率要求设置的常数（初值）
    MOV  TL1, #data
    MOV  TCON,#55H    ;外部中断 0、外部中断 1 边沿触发,启动计数器 T0、定时器 T1
    MOV  IE,#9FH      ;开放全部中断
```

TL0 溢出中断服务程序（由 000BH 转来）：

```
TL0INT: MOV TL0,#0FFH ;TL0 重赋初值（中断处理）
        RETI
```

TH0 溢出中断服务程序（由 001BH 转来）：

```
TH0INT: MOV TH0,#9CH  ;TH0 重新装入初值
        CPL P1.0      ;输出波形
        RETI
```

3.2.4 定时器/计数器 T2

定时器/计数器 T2 是一个 16 位定时器或外部事件计数器。定时器/计数器 T2 有三种操作方式：捕获方式、自动重装方式和波特速率发生器方式。工作方式由 T2CON 的控制位来选择。

1. 定时器/计数器 T2 的控制寄存器 T2CON

T2CON 可位寻址，地址为 0C8H。其各位定义如表 3.10 所示。

表 3.10　T2CON 的各位定义

位序	D7	D6	D5	D4	D3	D2	D1	D0
位标志	TF2	EXF2	RCLK	TCLK	EXEN2	TR2	C/$\overline{T2}$	CP/$\overline{RL2}$
位地址	0CFH	0CEH	0CDH	0CCH	0CBH	0CAH	0C9H	0C8H

TF2： 定时器/计数器 T2 溢出标志位。当定时器/计数器 T2 溢出时，TF2 置 1，TF2 置位后只能用软件清除。

当 RCLK=1 或 TCLK=1 时，TF2 将不被置位。

EXF2： 在捕捉/重装模式下，定时器/计数器 T2 的外部触发标志。

当 EXEN2=1 时，引脚 T2EX/P1.1 的负跳变使 EXF2=1，并产生定时器/计数器 T2 中断，EXF2 只能用软件清除。当 DCEN=1 时，定时器/计数器 T2 处于向上/向下计数模式，EXF2 外部引起中断。

RCLK： 接收时钟允许。

当 RCLK=1 时，定时器/计数器 T2 的溢出脉冲可作为串行口工作方式 1 和工作方式 3 的接收时钟。

当 RCLK=0 时，定时器/计数器 T1 的溢出脉冲将作为串行接收时钟。

TCLK： 发送时钟允许。

当 TCLK=1 时，定时器/计数器 T2 的溢出脉冲可作为串行口工作方式 1 和工作方式 3 的发送时钟。

当 TCLK=0 时，定时器/计数器 T1 的溢出脉冲将作为串行发送时钟。

EXEN2： 定时器/计数器 T2 外部允许。

当 EXEN2=1 时，T2EX 的负跳变引起定时器/计数器 T2 捕捉或重装，此时定时器/计数器 T2 不能用作串行口的串行时钟。

当 EXEN2=0 时，T2EX 的负跳变将不起作用。

TR2： 定时器/计数器 T2 启动控制位。

当 TR2=1 时，启动定时器/计数器 T2；当 TR2=0 时，停止定时器/计数器 T2。

C/$\overline{T2}$： 定时器/计数器 T2 工作方式选择位。

C/$\overline{T2}$=0，为定时工作方式；C/$\overline{T2}$=1，为计数工作方式。

CP/$\overline{RL2}$： 定时器/计数器 T2 捕捉/重装功能选择位。

当 CP/$\overline{RL2}$=1 且 EXEN2=1 时，引脚 T2EX/P1.1 的负跳变引起捕捉操作。

当 CP/$\overline{RL2}$=0 且 EXEN2=0 时，定时器/计数器 T2 溢出或引脚 T2EX/P1.1 的负跳变都可使定时器自动重装。

2. 定时器/计数器 T2 的模式寄存器 T2MOD

T2MOD 不可位寻址，地址为 0C9H。其各位定义如表 3.11 所示。

表 3.11 T2MOD 的各位定义

位 序	D7	D6	D5	D4	D3	D2	D1	D0
位标志	—	—	—	—	—	—	T2OE	DCEN

T2OE： 定时器/计数器 T2 输出允许位。

当 T2OE=1 时，允许时钟输出至引脚 T2/P1.0。

当 T2OE=0 时，禁止引脚 T2/P1.0 输出。

DCEN：计数器方向控制。

当 DCEN=0 时，定时器/计数器 T2 自动向上计数。

当 DCEN=1 时，定时器/计数器 T2 向上/向下计数，由引脚 T2EX 状态决定计数方向。

3．定时器/计数器 T2 操作模式选择

定时器/计数器 T2 操作模式如表 3.12 所示。

表 3.12 定时器/计数器 T2 操作模式

C/$\overline{T2}$	RCLK+TCLK	CP/$\overline{RL2}$	T2OE	TR2	模　式
×	0	0	0	1	16 位自动重装模式
×	0	1	0	1	16 位捕捉模式
×	1	×	×	1	波特率发生器模式
×	1	1	1	时钟输出模式
×	×	×	×	0	T2 停止

项目训练 6　简易交通信号灯设计

时间程序控制系统是一种很常见的控制系统，它能按照预先安排的时间顺序控制设备工作。简单的交通信号灯就是一个比较典型的时间程序控制系统。本训练通过制作一个简单的自动交通信号灯来进一步练习定时器/计数器与中断的使用方法。

1．训练要求

（1）进一步掌握定时器/计数器的使用。

（2）进一步掌握中断系统的使用。

2．训练目标

设计一个简易的交通信号灯控制器，其设计任务如下。

某十字路口，南北向为主干道，东西向为支道。每个路口安装一组信号灯，每组信号灯有红、黄、绿 3 种信号，各信号灯按以下规则循环显示交通信号来指挥交通，如表 3.13 所示。显示信号共有 4 种状态，称为四相。

表 3.13 交通信号灯显示规则

方向	25 s	5 s	15 s	5 s
南北向	绿灯	黄灯	红灯	红灯
东西向	红灯	红灯	绿灯	黄灯

要求使用单片机控制信号灯完成表 3.13 的显示功能。

3．工具器材

直流稳压电源、实验板、跳线、元器件等。

4. 训练步骤

（1）自行设计上述交通灯控制电路。 （20分）
（2）画出程序流程图。 （20分）
（3）编写控制程序。 （30分）
（4）输入源程序，并进行编译、连接。 （20分）
（5）将机器语言代码程序传送到实验板中，观察运行结果。 （10分）

5. 成绩评定

小题分值	（1）20	（2）20	（3）30	（4）20	（5）10	总分
小题得分						

练 习 题 3

一、选择题

1. AT89S52 单片机各中断源发出的中断请求信号，都会标记在（ ）寄存器。
   A．TMOD/SCON B．TCON/PCON C．IE/TCON D．TCON/SCON
2. 执行返回指令，退出中断服务子程序，则返回地址来自（ ）。
   A．ROM B．程序计数器 C．堆栈区 D．CPU 寄存器
3. 中断查询，查询的是（ ）。
   A．中断请求信号 B．中断标志
   C．外中断方式控制位 D．中断允许控制位
4. AT89S52 单片机共有（ ）个中断源。
   A．4 B．5 C．6 D．7
5. AT89S52 单片机共有（ ）个中断优先级。
   A．2 B．3 C．4 D．5
6. 中断是一种（ ）。
   A．资源共享技术 B．数据转换技术
   C．数据共享技术 D．并行处理技术
7. 执行"MOV IE，#81H"指令的意义是（ ）。
   A．屏蔽中断源 B．开放外部中断源 0
   C．开放外部中断源 1 D．开放外部中断源 0 和 1
8. AT89S52 单片机启动定时器/计数器 T1 运行的指令是（ ）。
   A．SETB ET0 B．SETB ET1
   C．SETB TR0 D．SETB TR1
9. 在 AT89S52 单片机系统中，同一优先级的几个中断源中优先级最高的是（ ）。
   A．INT0 B．T0 C．INT1 D．T1
10. AT89S52 单片机在响应中断后，需要用软件来清除的中断标志是（ ）。
    A．TF0，TF1 B．RI，TI C．IE0，IE1 D．IT0，IT1

11. 下列有关 AT89S52 单片机中断优先级控制的叙述中，错误的是（　　）。
    A．低中断优先级不能中断高中断优先级，但高中断优先级能中断低中断优先级
    B．同级中断不能嵌套
    C．同级中断请求按时间的先后顺序响应
    D．同时同级的多中断请求，将形成阻塞，系统无法响应
12. AT89S52 单片机中（TMOD）=05H，则定时器/计数器 T0 的工作方式为（　　）。
    A．13 位计数器　　B．16 位计数器　　C．13 位定时器　　D．16 位定时器
13. AT89S52 单片机用来开放或禁止中断的控制寄存器是（　　）。
    A．IP　　　　　　B．TCON　　　　　C．IE　　　　　　D．SCON

二、简答题

1. 什么是外部中断？有几个外部中断源？请求信号由什么引脚引入？
2. 什么是中断？中断的作用是什么？
3. AT89S52 单片机中断优先级的顺序是什么？6 个中断源的入口地址分别为多少？

三、编程题

1. 用定时器/计数器 T1、工作方式 0，在 P1.0 引脚产生周期为 500 μs 的连续方波，时钟振荡频率为 12 MHz，用查询方式或中断方式编写程序实现功能。

2. 设定时器/计数器 T1 工作在工作方式 1，定时时间为 10 ms，在引脚 P1.0 输出周期为 20 ms 的方波，时钟晶振频率为 12 MHz，请用查询方式或中断方式编程。

3. 用定时器/计数器 T0 以工作方式 2 产生 100 μs 定时，在引脚 P1.0 输出周期为 200 μs 的连续方波。时钟晶振频率为 12 MHz，请用查询方式或中断方式编程。

第 4 章

并行输入与输出

扫一扫看教学课件：并行输入与输出

学习目标

- ➤ 掌握键盘的基本组成及工作原理；
- ➤ 掌握七段 LED 显示器的基本组成及工作原理。

技能目标

- ➤ 能够正确在 AT89S52 单片机上外接键盘和显示设备；
- ➤ 能够灵活应用典型键盘、显示电路构成各种实际电路。

扫一扫看本章测试卷题目

扫一扫看本章测试卷答案

项目任务 7　用数码管显示多位数字

在单片机系统中，常用的显示器有：发光二极管显示器，简称 LED（Light Emitting Diode）；液晶显示器，简称 LCD（Liquid Crystal Display）；以及荧光管显示器。在这三种显示器中，以荧光管显示器亮度最高，发光二极管显示器亮度次之，液晶显示器亮度最弱。液晶显示器为被动显示器，必须有外光源。本任务要求设计一个 8 位显示电路，该显示电路中的 8 只数码管从左到右顺序显示 "1" "2" "3" "4" "5" "6" "7" "8" 共 8 个字符，并将内存 10H、11H、12H、13H 中存放的压缩 BCD 码显示出来。

1. 设备要求

（1）装有 Keil μVision2 集成开发环境、编程器软件且可以在线下载软件的计算机。
（2）单片机最小系统开发平台。

2. 硬件电路

图 4.1 所示为动态扫描方式驱动的 8 位 LED 显示电路，要求 8 只数码管从左到右顺序显示 "1" "2" "3" "4" "5" "6" "7" "8" 共 8 个字符。

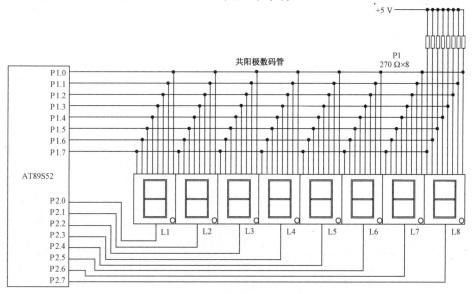

图 4.1　动态扫描方式驱动的 8 位 LED 显示电路

电路选用共阳极数码管。

AT89S52 单片机的 P2 端口为位驱动端口，当输出为 "0" 时对应的位被选中，显示字符。在 P2 端口的 8 个位中，任意时刻只能有一个位输出为 "0"，其他位输出均为 "1"。P2 端口输出与对应显示位的关系如表 4.1 所示。

表 4.1　P2 端口输出与对应显示位的关系

端口输出	P2.0	P2.1	P2.2	P2.3	P2.4	P2.5	P2.6	P2.7
位码	01H	02H	04H	08H	10H	20H	40H	80H
显示位	L1	L2	L3	L4	L5	L6	L7	L8

AT89S52 单片机的 P1 端口为段驱动端口，当输出为"0"时，对应的段"灭"；当输出为"1"时，对应的段"亮"。P1 端口输出与数码管笔画的对应关系如表 4.2 所示。

表 4.2 P1 端口输出与数码管笔画的对应关系

笔画	A	B	C	D	E	F	G	DP
端口输出	P1.0	P1.1	P1.2	P1.3	P1.4	P1.5	P1.6	P1.7

3．程序清单

程序清单如下。

（1）用查表指令"MOVC A,@A+DPTR"实现：

```
        ORG   0000H
        LJMP  MAIN
        ORG   0100H
MAIN:   MOV   SP, #50H
        MOV   30H, #01H
        MOV   31H, #02H
        MOV   32H, #03H
        MOV   33H, #04H
        MOV   34H, #05H
        MOV   35H, #06H
        MOV   36H, #07H
        MOV   37H, #08H
LP7:    LCALL DIR          ;调显示程序
        SJMP  LP7
DIR:    MOV   R0, #30H     ;首地址
        MOV   DPTR, #TAB
        MOV   R1, #0FEH    ;最低位
        MOV   A, R1        ;暂存
LP:     MOV   P2, A        ;送位码
        MOV   A, @R0       ;取代码
        MOVC  A,@ A+DPTR   ;查表编程段码
        MOV   P1, A        ;送段码
        ACALL DELAY        ;调延时子程序
        INC   R0
        MOV   A, R1
        JNB   0E0H, LOOP4  ;判断判位码是否循环完，若等于 0 则结束，否则顺序执行
        RL    A            ;左移
        MOV   R1, A
        SJMP  LP
DELAY:  MOV   R7, #01H
L4:     MOV   R6, #0FAH
L2:     DJNZ  R6, L2
```

第4章 并行输入与输出

```
            DJNZ    R7, L4
            RET
LOOP4:      RET
    TAB:    DB      0C0H,0F9H,0A4H,0B0H,99H,92H,82H,0F8H,80H,90H
            END
```

（2）用 C 语言编程实现：

```c
#include <reg52.h>                        //头文件
#define uchar unsigned char               //宏定义
#define uint unsigned int
uchar code duantable[]={0xc0,0xf9,0xa4,0xb0, 0x99,0x92,0x82,0xf8,0x80,
                       0x90,0x88,0x83, 0xa7,0xa1,0x86,0x8e};   //段码
uchar code weitable[]={0XFE,0XFD,0XFB,0XF7};                   //位
void delay(uint z)                       //延时函数
{
    uint x,y;
    for(x=z;x>0;x--)
      for(y=122;y>0;y--);
}
void main()                              //主函数
{
   while(1)
   {
     uchar i;
     for(i=0;i<4;i++)
     {
         P1=duantable[i+0];              //段码显示
         P2=weitable[i];                 //位码显示
         delay(5);
     }
   }
}
```

4．实施步骤

（1）断电，连接计算机、实验板。

（2）连接好下载线，接好电源。

（3）进入 Keil μVision2 集成开发环境，在指定路径下建一个项目。

（4）在指定的路径下建一个文件。

（5）将该文件添加到项目中，保存该项目。

（6）在编辑窗口输入程序。

（7）汇编、连接无误后将文件下载到目标电路。

（8）设断点或全速运行程序，观察能否将存储器中的数据显示出来，否则检查程序或连线。

（9）记录实验程序内容和调试过程。

（10）改变延时程序的时间，观察延时时间对显示亮度的影响，以确定最佳延时时间。
（11）根据参考程序，画出显示子程序的流程图。
（12）修改程序，从右到左显示 0～7，编程并观察现象。
（13）编程将内存 10H、11H、12H、13H 中存放的压缩 BCD 码显示出来。

5．成绩评定

（1）在计算机中输入并调试程序，记录调试中出现的问题。　　　　（10 分）
（2）使用编程器将程序文件传送到实验板中，运行程序，观察结果。（20 分）
（3）根据参考程序，画出显示子程序的流程图。　　　　　　　　　（10 分）
（4）修改程序，从右到左显示 0～7。　　　　　　　　　　　　　　（30 分）
（5）编程将内存 10H、11H、12H、13H 中存放的压缩 BCD 码显示出来。（30 分）

小题分值	（1）10	（2）20	（3）10	（4）30	（5）30	总分
小题得分						

4.1　字符显示

在单片机应用系统中，通常都有操作面板。操作人员通过操作面板实现与单片机应用系统的信息交流，包括下达命令、修改程序与参数、干预单片机应用系统的状态、显示运行状态和运行结果。

4.1.1　发光二极管及数码管

发光二极管是由半导体发光材料做成的 PN 结，只要在发光二极管两端通过 5～20 mA 的正向电流，它就能正常发光。发光二极管的发光颜色通常有红、绿、黄、白，其外形和电气图形符号如图 4.2 所示。单个发光二极管通常是通过亮、灭来指示系统运行状态并通过快速闪烁来报警的。

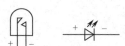

（a）外形　（b）电气图形符号
图 4.2　发光二极管的外形和电气图形符号

通常所说的数码管由 7 只发光二极管组成，因此也被称为七段发光二极管，其排列形状如图 4.3（a）所示。数码管中还有一个圆点型发光二极管（在图中用 dp 表示），用于显示小数点。通过 7 只发光二极管亮、暗的不同组合，可以显示多种数字、字母及其他符号。

发光二极管显示器中的发光二极管共有两种连接方法：共阳极接法和共阴极接法。

1．共阳极接法

共阳极接法是指把发光二极管的阳极连在一起构成公共阳极，如图 4.3（b）所示。使用时公共阳极接+5V，阴极端输入低电平的段发光二极管导通点亮，输入高电平的段发光二极管不点亮。

2．共阴极接法

共阴极接法是指把发光二极管的阴极连在一起构成公共阴极，如图 4.3（c）所示。使时公共阴极接地，阳极端输入高电平的段发光二极管导通点亮，输入低电平的段发光二极管不点亮。

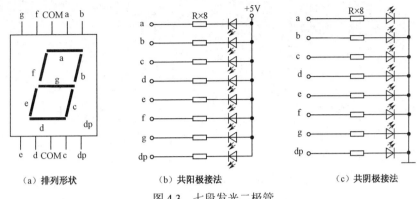

图 4.3　七段发光二极管

用发光二极管显示十六进制数的字型代码如表 4.3 所示。

表 4.3　用发光二极管显示十六进制数的字型代码

字型	共阳极代码	共阴极代码	字型	共阳极代码	共阴极代码
0	C0H	3FH	9	90H	6FH
1	F9H	06H	A	88H	77H
2	A4H	5BH	B	83H	7CH
3	B0H	4FH	C	C6H	39H
4	99H	66H	D	A1H	5EH
5	92H	6DH	E	86H	79H
6	82H	7DH	F	8EH	71H
7	F8H	07H	灭	FFH	00H
8	80H	7FH	—		

4.1.2　七段发光二极管的工作原理

七段发光二极管需要用驱动电路来驱动。在七段发光二极管中，共阳极七段发光二极管用低电平驱动，共阴极七段发光二极管用高电平驱动。点亮显示器有静态和动态两种方式。

1．数码管静态显示

所谓静态显示，是指当显示器显示某一字符时，相应段的发光二极管恒定地导通或截止。图 4.4 所示为 4 位静态发光二极管显示电路。该电路各位可独立显示，只要在该位的段选线上送相应的段码，该位就能保持相应的显示字符。这种显示方法的每一位都需要由一个 8 位输出端口控制。

静态显示器的优点是显示稳定，在发光二极管导通电流一定的情况下显示器的亮度高。控制系统在运行过程中，仅仅在需要更新显示内容时，CPU 才执行一次，以显示更新子程序，这样大大节省了 CPU 的时间，提高了 CPU 的工作效率。但其缺点是位数较多时硬件开销太大。

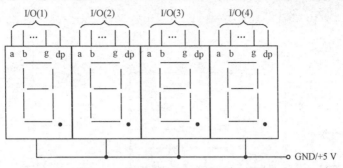

图 4.4　4 位静态发光二极管显示电路

2．数码管动态显示

所谓动态显示，是指一位一位地轮流点亮（扫描）各位显示器，对于显示器的每一位而言，每隔一段时间被点亮一次，在同一时刻只有一位显示器在工作（点亮）。而利用人眼的视觉暂留效应和发光二极管熄灭时的余辉效应，人们看到的却是多个字符"同时"显示。

显示器亮度既与点亮时的导通电流有关，也与点亮时间和间隔时间的比例有关。调整电流和时间参数，可实现亮度较高、较稳定的显示。

图 4.5 所示为 4 位动态发光二极管显示电路。其中段选线占用一个 I/O 口，控制各位所显示的字形（称为段码或字形口）；位选线也占用一个 I/O 口，控制显示器公共极电位（称为位码或字位口）。

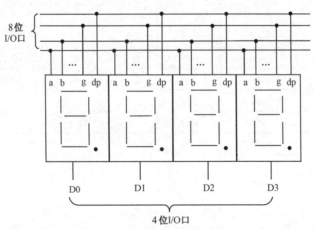

图 4.5　4 位动态发光二极管显示电路

动态显示器的优点是节省硬件资源，成本较低。但在控制系统运行过程中，要保证显示器正常显示，CPU 必须每隔一段时间执行一次显示子程序，这占用了 CPU 大量时间，降低了 CPU 的工作效率，同时显示亮度较静态显示器低。

项目训练 7　一位密码锁电路设计与调试

1．训练要求

（1）进一步掌握显示电路的设计方法。

（2）进一步掌握显示编程的方法。

2. 训练目标

设计一个一位密码锁电路，每输入一位密码（一位 2~5 的数字），如果密码正确，则数码管上显示字母"H"约 5 s，并通过发光二极管发光代表锁打开，锁延时 10 s 后闭合；如果密码不正确，则数码管上显示字母"E"约 5 s，锁不开，等待密码再次输入。

3. 工具器材

直流稳压电源、实验板、跳线、元器件等。

4. 训练步骤

（1）画出硬件电路图，根据已给的元器件组装电路。　　　　　　　　（40 分）
（2）画出程序流程图并编程，进行编译、连接。　　　　　　　　　　（30 分）
（3）将机器语言程序传送到硬件电路中，观察运行结果。　　　　　　（30 分）

5. 成绩评定

小题分值	（1）40	（2）30	（3）30	总分
小题得分				

项目任务 8　多位密码锁的开启与关闭

设计一个 4×4 矩阵键盘与 AT89S52 单片机接口电路，要求用查询法读取行列键盘键码，并将键码存入片内 RAM 32H 单元。本任务要求在此基础上实现密码锁的开启与关闭。

1. 设备要求

（1）装有 Keil μVision2 集成开发环境、编程器软件且可以在线下载软件的计算机。
（2）单片机最小系统开发平台。

2. 硬件电路

图 4.6 所示为 4×4 矩阵键盘与 AT89S52 单片机的连接图。其中，P1.4~P1.7 引脚用于控制行线，P1.0~P1.3 引脚用于控制列线。行、列线通过上拉电阻接+5 V 电源，在没有键被按下时，被钳在高电平状态。通过发送扫描字确定键码，具体方法如下。

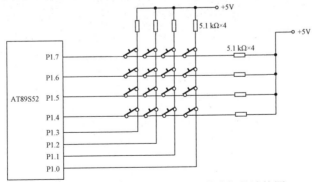

图 4.6　4×4 矩阵键盘与 AT89S52 单片机的连接图

（1）由列线输出 0，读入 P1 端口的值存入片内 RAM 30H 单元。
（2）由行线输出 0，读入 P1 端口的值存入片内 RAM 31H 单元。

（3）把 30H 的低 4 位与 31H 的高 4 位的值相加存入累加器 A。

（4）判断累加器 A 的值，如果累加器 A 的数据全为 1，说明无键被按下，否则说明有键被按下，且累加器 A 的数据就是被按下键的键值（程序中对累加器 A 取反，目的是用 JNZ 指令判断是否有键被按下）。

3. 键盘扫描流程图

键盘扫描流程图如图 4.7 所示。

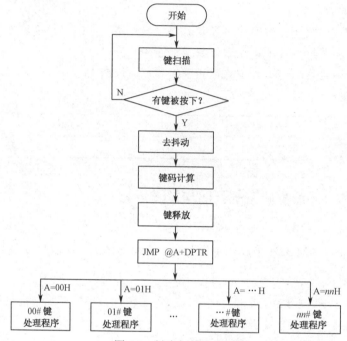

图 4.7　键盘扫描流程图

4. 实施步骤

（1）断电，连接计算机、实验板。

（2）给计算机、实验板通电。

（3）打开计算机，进入 Keil μVision2 集成开发环境。

（4）正确设置通信口，连接好集成开发环境和实验板。

（5）新建一个项目，并将该项目建立在指定的文件夹中。

（6）新建一个文件，存储的路径与刚才建的项目相同。

（7）将新建的文件添加到项目中，保存项目。

（8）在编辑窗口输入程序，对程序进行汇编、生成和下载。

（9）全速运行程序，观察片内 RAM 32H 单元的键值数据。

（10）随机按下任一键，观察片内 RAM 32H 单元的情况。

5. 参考程序

```
              ORG   0000H
     BOAD:    LCALL BOADD
```

```
            JNZ    BOAD1              ;无键被按下转 BOAD
            LCALL  DELAY              ;调延时子程序
            AJMP   BOAD               ;继续扫描键盘
    BOAD1:  LCALL  DELAY              ;消除键抖动（延时子程序略）
            LCALL  BOADD              ;确认是否有键被按下
            JNZ    BOAD2
            LCALL  DELAY
            SJMP   BOAD               ;转键扫描
    BOAD2:  CPL    A
            MOV    32H,A              ;取键值
    BOAD3:  LCALL  DELAY
            LCALL  BOADD
            JNZ    BOAD3              ;等待键松开
    B2:     RET                       ;返回
```

获取键值子程序：

```
    BOADD:  MOV    P1,#0FH            ;置行线为 0
            MOV    A,P1
            MOV    30H,A
            MOV    P1,#0F0H           ;置列线为 0
            MOV    A,P1
            MOV    31H,A
            ANL    30H,#0FH           ;取列值
            MOV    A,30H
            ANL    31H,#0F0H          ;取行值
            ADD    A,31H              ;行值加列值
            CPL    A                  ;累加器 A 全 0，无键被按下
            RET
```

键盘扫描程序的运行结果是把闭合键的键码放在 32H 单元中。接下来的程序根据键码进行程序转移，转去执行该键对应的操作。

下面根据矩阵键盘电路，编写按一个键对应显示一个数字的程序。

硬件电路：P1 端口接段码，P2 端口接数码管的位，P3.0～P3.3 引脚接 4 行，P3.4～P3.7 引脚接 4 列。

（1）汇编程序如下：

```
            ORG    0000H              ;矩阵键盘程序
            PORT   EQU    P3         ;键盘电路连接端口 P3
            XH     DATA   20H
            X      DATA   32H        ;放键号
            ORG    0000H
            LJMP   MAIN
            ORG    0100H
```

```
MAIN:   MOV   SP, #60H
SCAN:   ACALL DIR              ;调显示
        ACALL PYE              ;判有无键
        JC    SCAN             ;无键被按下则进行程序跳转
        ACALL KEY              ;有键被按下则调键盘扫描子程序
        JC    SCAN             ;无键返回
        ACALL LF               ;有键，左移
        MOV   20H, A           ;送新值
        SJMP  SCAN             ;返回开始
LF:     MOV   23H, 22H
        MOV   22H, 21H
        MOV   21H, 20H
        RET
KEY:    ACALL PYE              ;判断是否有键被按下子程序
        JNC   WHICH            ;有键转拼装
KKK1:   RET
        PYE:MOV PORT, #0FH     ;列线 P1.4~P1.7 引脚输出 0,同时 P1.0~P1.3 引脚写 1
        MOV   A, PORT          ;输入行线数据
        CJNE  A, #0FH, PRESS   ;行线不全为 0 说明有键被按下，转 PRESS
        SJMP  PN
PRESS:  ACALL DELAY            ;有键被按下延时去抖
        MOV   PORT, #0FH       ;再次使列线输出 0
        MOV   A, PORT
        CJNE  A, #0FH, PY      ;有键按下，转 PY
        SJMP  PN
PY:     CLR   C                ;有键标志
        RET
PN:     SETB  C                ;无键标志
        RET
WHICH:  MOV   R7, #4           ;设置列数扫描次数
        MOV   R6, #0
        MOV   DPTR, #TABS      ;指向列扫描码表
GETS:   MOV   A, R6
        MOVC  A, @A+DPTR       ;查表求列扫描码
        MOV   PORT, A          ;输出列线扫描码，使某一列输出为 0
        MOV   A, PORT          ;输入行线状态
        JNB   ACC.0, L0        ;0 行有键被按下，转 L0
        JNB   ACC.1, L1        ;1 行有键被按下，转 L1
        JNB   ACC.2, L2        ;2 行有键被按下，转 L2
        JNB   ACC.3, L3        ;3 行有键被按下，转 L3
```

```
            INC  R6                  ;本列无键按下,列号加1
            DJNZ R7, GETS            ;未扫描完所有列,转继续扫描
            SETB C
            RET
      L0:   MOV  A,#0                ;0行有键被按下,行号0送累加器A
            SJMP GEN                 ;转求键号
      L1:   MOV  A,#1                ;1行有键被按下,行号1送累加器A
            SJMP GEN
      L2:   MOV  A,#2                ;2行有键被按下,行号2送累加器A
            SJMP GEN
      L3:   MOV  A, #3               ;3行有键被按下,行号3送累加器A
      GEN:  RL   A
            RL   A                   ;行号×4
            ADD  A, R6               ;键号=行号×4+列号
            PUSH ACC
      L4:   ACALL DELAY
            ACALL PYE                ;判断是否有键被按下子程序
            JNC  L4                  ;C=0有键,转L4
            CLR  C
            POP  ACC
            RET
     TABS:  DB   7FH,0BFH,0DFH,0EFH
      DIR:  MOV  R0, #XH
            MOV  R1, #08H
            MOV  A, R1
      LP:   MOV  P2, A               ;位显示
            MOV  A, @R0
            ACALL LP3                ;调段码查表子程序
            MOV  P1, A
            ACALL DELAY              ;调延时子程序
            INC  R0
            MOV  A, R1
            JB   ACC.7, LOOP4
            RR   A                   ;右移
            MOV  R1, A
            SJMP LP
    DELAY:  MOV  R7, #01H            ;延时子程序
     L44:   MOV  R6, #0FAH
     L22:   DJNZ R6, L22
            DJNZ R7, L44
```

```
                RET
LOOP4:   RET
   LP3:  ADD    A, #01H
         MOVC   A, @A+PC
         RET
   DB    0C0H,0F9H,0A4H,0B0H,99H,092H,82H,0F8H
   DB    80H,90H,88H,83H,0C6H,0A1H,86H,8EH
         END
```

（2）C 语言程序如下：

```c
#include <reg52.h>
#include <intrins.h>
#define row     0x0f            //行扫描码
#define column       0xf0       //列扫描码
#define seg_drive P0            //数码管段驱动
#define bit_drive P2            //数码管位驱动
#define key_scan  P1            //低4位接行,高4位接列,无按键被按下时,值为0xff
unsigned char key_value_r;      //行扫描后的键值
unsigned char key_value_c;      //列扫描后的键值
unsigned char seg_code[]={0xc0,0xf9,0xa4,0xb0,0x99,0x92,0x82,0xf8,
                0x80,0x90,0x88,0x83,0xc6,0xa1,0x86,0x8e};  //段码表
unsigned char bit_code=0xfe;    //位码
void delay10ms(void)            //延时 10 ms, 去抖动
{
    unsigned char a,b,c;
    for(c=1;c>0;c--)
        for(b=38;b>0;b--)
            for(a=130;a>0;a--);
}

unsigned char row_scan(void)         //行扫描函数
{
    key_scan = key_scan & row;       //行扫描
    if(key_scan!=0x0f)                //判断行上是否有按键被按下
    {
        delay10ms();                  //延时去抖动
        key_value_r = key_scan;       //读行扫描后的键值
        key_scan = 0xff;              //扫描变量回复无按键被按下状态
    }
    else _nop_();                     //逻辑完备
    return key_value_r;               //返回行扫描后的键值
}
```

```c
unsigned char column_scan(void)          //列扫描函数
{
key_scan = key_scan & column;            //列扫描
    if(key_scan!=0xf0)                   //判断列上是否有按键被按下
    {
        delay10ms();                     //延时去抖动
        key_value_c = key_scan;          //读列扫描后的键值
        key_scan = 0xff;                 //扫描变量回复无按键被按下状态
    }
    else
        _nop_();                         //逻辑完备
    return key_value_c;                  //返回列扫描后的键值
}


   void main(void)
   {
     unsigned char key_value;            //键值变量
     while(1)
     {
       key_value = column_scan()+row_scan();        //键值生成
         switch(key_value)                          //键值译码
         {
           case 0xe7:seg_drive = seg_code[0];bit_drive =
                 bit_code;break;    //0 键
           case 0xd7:seg_drive = seg_code[1];bit_drive =
                 bit_code;break;    //1 键
           case 0xb7:seg_drive = seg_code[2];bit_drive =
                 bit_code;break;    //2 键
           case 0x77:seg_drive = seg_code[3];bit_drive =
                 bit_code;break;    //3 键

           case 0xeb:seg_drive = seg_code[4];bit_drive =
                 bit_code;break;    //4 键
           case 0xdb:seg_drive = seg_code[5];bit_drive =
                 bit_code;break;    //5 键
           case 0xbb:seg_drive = seg_code[6];bit_drive =
                 bit_code;break;    //6 键
           case 0x7b:seg_drive = seg_code[7];bit_drive =
                 bit_code;break;    //7 键

           case 0xed:seg_drive = seg_code[8];bit_drive =
```

```
                        bit_code;break;      //8 键
        case 0xdd:seg_drive = seg_code[9];bit_drive =
                        bit_code;break;      //9 键
        case 0xbd:seg_drive = seg_code[10];bit_drive =
                        bit_code;break;      //A 键
        case 0x7d:seg_drive = seg_code[11];bit_drive =
                        bit_code;break;      //B 键
        case 0xee:seg_drive = seg_code[12];bit_drive =
                        bit_code;break;      //C 键
        case 0xde:seg_drive = seg_code[13];bit_drive =
                        bit_code;break;      //D 键
        case 0xbe:seg_drive = seg_code[14];bit_drive =
                        bit_code;break;      //E 键
        case 0x7e:seg_drive = seg_code[15];bit_drive =
                        bit_code;break;      //F 键
        default:_nop_();                     //逻辑完备
    }
  }
}
```

6. 成绩评定

（1）熟悉实验板，电路如图 4.13 所示。 （10 分）

（2）在计算机中输入并调试程序，记录调试中出现的问题。 （10 分）

（3）将程序文件传送到实验板中，运行程序，观察片内 RAM 32H 单元的数据。

（20 分）

（4）随机按下任一键，观察片内 RAM 32H 单元的情况，并与理论分析数据进行比较。

（30 分）

（5）改为 2×8 矩阵键盘，编写程序，运行并观察片内 RAM 32H 单元的数据。 （30 分）

小题分值	（1）10	（2）10	（3）20	（4）30	（5）30	总分
小题得分						

4.2 矩阵式键盘电路设计

　　键盘是由若干个按键组成的开关矩阵，它是最简单的单片机输入设备，操作员可以通过键盘输入数据或命令，实现简单的人机通信。若键盘闭合键的识别是由专用硬件实现的，则称为编码键盘；若键盘闭合键的识别是由软件实现的，则称为非编码键盘。非编码键盘又分为行列式和独立式两种。本任务主要讨论非编码键盘的工作原理、接口控制方式。

键盘接口应有以下功能:
(1) 键扫描功能,即检测是否有键闭合。
(2) 键识别功能,即确定闭合键所在的行列位置。
(3) 产生相应的键值功能。
(4) 按键去抖动功能。

4.2.1 键盘工作原理

1. 按键去抖动

常用键盘的按键是一个机械开关结构,当按键被按下时,由于机械触点的弹性及电压弹跳等,在触点闭合或断开的瞬间会出现电压抖动,如图 4.8 所示。抖动时间长短与按键的结构和机械特性有关,一般为 5~10 ms,而按键的闭合时间和操作者的按键动作有关,从十分之几秒到几秒不等。

按键去抖动有硬件和软件两种方法。硬件方法就是在键盘中附加去抖动电路,从根本上消除抖动产生的可能性,图 4.9 所示为利用双稳电路的去抖动电路;而软件方法则是采用时间延迟以躲过抖动(延时 5~10 ms 即可),待行线上的状态确定之后,再进行状态输入。一般为简单起见,多采用软件方法。

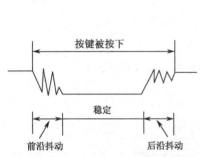

图 4.8 触点闭合和断开时的电压抖动

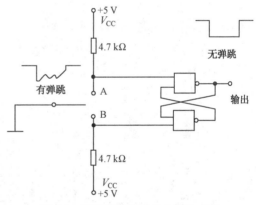

图 4.9 利用双稳电路的去抖动电路

2. 键盘连接方式

键盘按其和 CPU 的连接方式不同,可分为独立式键盘和矩阵式键盘两种。

1) 独立式键盘

独立式键盘是一组相互独立的按键,这些按键可直接与单片机的 I/O 口连接,即每个按键独占一个 I/O 口,接口简单。独立式键盘因占用单片机的硬件资源较多,所以只适用于按键较少的场合。

图 4.10(a)所示是具有 4 个按键的独立式键盘,每个按键都是一端接地,另一端接 AT89S52 单片机的 I/O 口。从图 4.10(a)中可以看出,独立式键盘每个按键都需要占用一个 I/O 口,占用 AT89S52 单片机的硬件资源较多。

2）矩阵式键盘

矩阵式键盘也称行列式键盘，因为键的数目较多，所以按键按行列组成矩阵。图4.10（b）所示为由 4 根行线和 4 根列线组成的具有 16 个按键的矩阵式键盘。与独立式键盘相比，矩阵式键盘 16 个按键只占用了 8 个 I/O 口，因此适用于按键较多的场合。

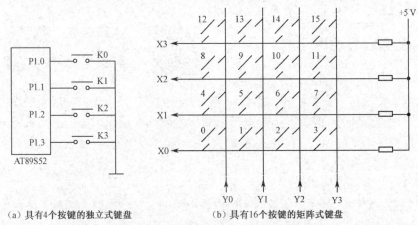

(a) 具有4个按键的独立式键盘　　(b) 具有16个按键的矩阵式键盘

图 4.10　独立式键盘和矩阵式键盘

矩阵式键盘接口处理的内容包括以下几个方面。

（1）键扫描：键盘上的键按行列组成矩阵，在行列的交点上都对应有一个键。要判定有无键被按下（闭合键）及被按键的位置，可使用扫描法来查找。

首先判定有无键被按下。键扫描示意图如图 4.11 所示，键盘的行线一端经电阻接+5 V 电源，另一端接单片机的输入口。各列线的一端接单片机的输出口，另一端悬空。要判定有没有键被按下，可先经输出口向所有列线输出低电平，然后输入各行线状态。若行线状态皆为高电平，则表明无键被按下；若行线状态中有低电平，则表明有键被按下。

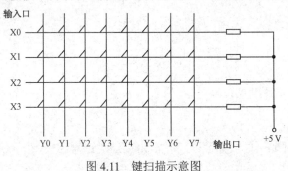

图 4.11　键扫描示意图

其次判定被按键的位置。判定被按键位置的扫描是这样进行的：先使输出口输出 0FEH，即 Y0 为低电平"0"，其他列线为高电平"1"；然后输入行线状态，测试行线状态中是否有低电平，如果没有低电平，则使输出口输出 0FDH，即 Y1 为"0"，其他列线为"1"；最后测试行线状态。以此类推，直至检测到行线中有低电平，则闭合键找到。通过此次扫描的列线值和行线值就可以知道闭合键的位置。

（2）去抖动：判断有键被按下后，先延时一段时间，再判断键盘状态，如果仍为有键按下状态，则认为有键被按下，否则按抖动处理。

(3)确定按键的键值:键值表如图 4.12 所示,以键的排列顺序安排键号,则键值的计算公式为:

键值=行首号+列号

00H	01H	02H	…	06H	07H
08H	09H	0AH	…	0EH	0FH
10H	11H	12H	…	16H	17H
18H	19H	1AH	…	1EH	1FH

图 4.12　键值表

(4)判断闭合键是否释放:计算键值之后,等待键释放是为了保证键的一次闭合仅进行一次处理。

4.2.2　键盘接口的控制方式

在单片机的运行过程中,键盘扫描只是 CPU 的工作任务之一,判断何时执行键盘扫描和处理,有两种方式:程序扫描方式和中断扫描方式。程序扫描是指 CPU 空闲时执行键盘扫描,或每隔一定时间执行一次键盘扫描,定时可由单片机的定时器完成;中断扫描是指当有键闭合时才向 CPU 发出中断请求,中断响应后执行键盘扫描程序。

实例 4.1　硬件连接示意图如图 4.13 所示,编程完成如下功能:按键被按下后,对应的小灯亮,再次被按下后,对应的小灯灭。

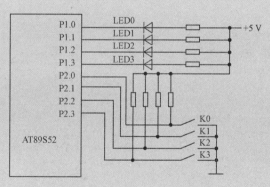

图 4.13　硬件连接示意图

(1)汇编程序如下:

```
KEY:    MOV  P1, #0FFH    ;灯全灭
        MOV  P2, #0FFH    ;P2 端口为输入状态
        MOV  A, P2        ;读键值,按键被按下相应位为 0
        CPL  A            ;取反,按键被按下相应位为 1
        ANL  A, #0FH      ;屏蔽高 4 位,保留低 4 位
        JZ   LRET         ;全 0,无按键被按下,返回
```

```
                LCALL   DEL20           ;非全0,有按键被按下,延时,软件去抖
                MOV     A, P2           ;重读键值
                CPL     A
                ANL     A, #0FH
                JZ      LRET            ;全0,无按键被按下,返回
                JB      ACC.0, K0       ;K0被按下,转K0程序
                JB      ACC.1, K1       ;K1被按下,转K1程序
                JB      ACC.2, K2       ;K2被按下,转K2程序
                JB      ACC.3, K3       ;K3被按下,转K3程序
                SJMP    LRET
K0:             CPL     P1.0            ;P1.0状态取反,小灯LED0亮变灭,灭变亮
                SJMP    LRET
K1:             CPL     P1.1            ;P1.1状态取反,小灯LED1亮变灭,灭变亮
                SJMP    LRET
K2:             CPL     P1.2            ;P1.2状态取反,小灯LED2亮变灭,灭变亮
                SJMP    LRET
K3:             CPL     P1.3            ;P1.3状态取反,小灯LED3亮变灭,灭变亮
LRET:           RET
DEL20:          MOV     R7, #27H        ;延时20ms左右
LOOP1:          MOV     R6, #0FFH
LOOP2:          DJNZ    R6, LOOP1
                DJNZ    R7, LOOP2
                RET
```

(2) C语言程序如下：

```
#include <reg52.h>
#define uchar unsigned char
#define uint unsigned int
sbit LED1 = P1^0;
sbit LED2 = P1^1;
sbit LED3 = P1^2;
sbit LED4 = P1^3;
sbit K1 = P2^0;
sbit K2 = P2^1;
sbit K3 = P2^2;
sbit K4 = P2^3;
void delay(uint z)              //延时函数
{
  uint x,y;
  for(x=z;x>0;x--)
    for(y=122;y>0;y--);
}
```

```
void main()                          //主函数
{
    P1=0xff;
    P2=0xff;
    while(1)
    {
        LED1 = K1;
        LED2 = K2;
        LED3 = K3;
        LED4 = K4;
        delay(100);
    }
}
```

实例 4.2 每按一个按键，使数码管显示一个数字，请编程。

硬件电路：单片机实验板的 P2 端口低 4 位接按键，高 4 位接数码管的位。

（1）汇编程序如下：

```
            SW1    BIT   P2.0
            SW2    BIT   P2.1
            SW3    BIT   P2.2
            SW4    BIT   P2.3
            ORG    0000H
            LJMP   START
            ORG    0100H
   START:   MOV    SP ,#60H
            MOV    P0,#0FFH
            MOV    P1,#0FFH
            MOV    P2,#0FFH
            MOV    P3,#0FFH
   WAIT:    JNB    SW1,SW11          ;SW1 被按下，转 SW11 程序
            JNB    SW2,SW22          ;SW2 被按下，转 SW22 程序
            JNB    SW3,SW33          ;SW3 被按下，转 SW33 程序
            JNB    SW4,SW44          ;SW4 被按下，转 SW44 程序
            JMP    WAIT
   SW11:    MOV    P1, #0F9H         ;显示数字 1
            MOV    P2, #7FH
            LCALL  DELAY
            JNB    SW1, $
            JMP    WAIT
   SW22:    MOV    P1, #0A4H         ;显示数字 2
            MOV    P2, #0BFH
            LCALL  DELAY
```

```
              JNB    SW2, $
              JMP    WAIT
SW33:    MOV    P1, #0B0H           ;显示数字3
              MOV    P2, #0DFH
              LCALL  DELAY
              JNB    SW3, $
              JMP    WAIT
SW44:    MOV    P1, #99H            ;显示数字4
              MOV    P2, #0EFH
              LCALL  DELAY
              JNB    SW4, $
              JMP    WAIT
DELAY:   MOV    R7,#30              ;延时子程序
   D1:       MOV    R6,#20
   D2:       MOV    R5,#248
              DJNZ   R5, $
              DJNZ   R6, D2
              DJNZ   R7, D1
              RET
              END
```

(2) C语言程序如下:
```
#include<reg52.h>
#define uint unsigned int
#define uchar unsigned char
sbit P2_0=P2^0;              //位
void delay(uint z);
void main()                   //主函数
{
   unsigned char button;
   unsigned char code tab[7]={0xc0,0xf9,0xa4,0xb0,0xbf };  //0,1,2,3,-
   P0=0xff;                   //按键
   while(1)
   {
      P1=tab[4];              //P1端口段码
      P2_0=0;
      button=P0;
      button&=0x0f;
      switch(button)
      {
         case 0x0e:P1=tab[0];delay(1000);break;
         case 0x0d:P1=tab[1];delay(1000);break;
```

```
                case 0x0b:P1=tab[2];delay(1000);break;
                case 0x07:P1=tab[3];delay(1000);break;
            }
                delay(5200);
        }
    }
    void delay(uint z)
    {
      uint x,y;
      for(x=z;x>0;x--)
        for(y=122;y>0;y--);
    }
```

项目训练8 电子钟设计与实现

电子钟是一种常见的简单控制系统，它把中断、定时、显示等模块综合在一起，通过硬件电路的设计、软件分析与设计、编程在实验板上显示出相应的结果。本训练通过制作一个简单的电子钟，进一步练习定时/计数器、中断系统的使用方法，以及显示程序的编写和调用。

1．训练要求

（1）进一步掌握定时/计数器的使用。

（2）进一步掌握中断系统的使用。

（3）进一步掌握显示程序的编写和调用。

2．训练目标

设计一个简易的电子钟电路，用六位数码管显示，采用查询方式或中断方式编写 24 小时制的模拟电子钟，秒、分、时分别存在 R1、R2、R3 中。

3．工具器材

直流稳压电源、实验板、跳线、元器件等。

4．训练步骤

（1）组装电路。 （20分）

（2）画出完成功能的流程图。 （20分）

（3）根据流程图编写程序。 （30分）

（4）输入源程序，并进行编译、链接，下载到实验板中。 （20分）

（5）观察运行结果。 （10分）

5．成绩评定

小题分值	（1）20	（2）20	（3）30	（4）20	（5）10	总分
小题得分						

练习题 4

一、填空题

1. 在数码管共阴极接法下，要显示字形"5"，则____、c、d、f、g 亮，____、e 灭。
2. 键盘的工作方式有两种，分别是_____ 和_____ 。
3. LED 的显示方式分为_____ 和_____ 。
4. 数码管驱动方式分为_____ 和_____ 。
5. 键盘抖动可以使用_____ 和_____ 两种办法消除。
6. 字母 H 的共阴极 LED 显示代码是_____，字母 H 的共阳极 LED 显示代码是_____。
7. 键盘中断扫描方式的特点是_____。

二、选择题

1. 按键的机械抖动时间参数通常是（   ）。
   A. 0　　　　　B. 5～10 μs　　　　C. 5～10 ms　　　　D. 1 s 以上
2. 在 LED 显示中，为了输出位控和段控信号，应使用指令（   ）。
   A. MOV　　　　B. MOVC　　　　C. MOVX　　　　D. XCH
3. N 位 LED 显示器采用动态显示方式时，需要提供的 I/O 线总数是（   ）。
   A. 8+N　　　　B. 8×N　　　　C. N　　　　D. 8^N
4. 设计 64 个按键，采用扫描方式进行电路设计，需要的单片机端口包括（   ）。
   A. 一个输入口　　　　　　　　　B. 一个输出口和一个输入口
   C. 一个输出口　　　　　　　　　D. 一个输出口和两个输入口

三、问答题

试说明非编码键盘的工作原理。如何去键抖动？如何判断按键是否释放？

四、编程题

1. 利用实验板设计一个八位显示电路，要求 8 个数码管从右到左循环显示 3～A，画出硬件电路，编程实现并演示。
2. 设计一个电路，要求每按一个按键，数码管显示一个数字，画出硬件电路并编程实现。

第 5 章 串行通信

扫一扫看教学课件：串行通信

学习目标

- 了解串行通信的基本知识；
- 掌握串行口的工作方式；
- 掌握波特率的设计；
- 掌握串行口工作方式的应用；
- 掌握程序调试的基本方法和技巧。

技能目标

- 会对串行口进行初始化；
- 会计算串行口通信波特率；
- 能够实现单片机与单片机、单片机与计算机之间的通信。

扫一扫看本章测试卷题目

扫一扫看本章测试卷答案

项目任务9　单片机与计算机之间的数字传送显示

利用 AT89S52 单片机实现单片机与计算机之间的通信。本任务要求将存放在甲机 20H～27H 单元中的数据，首先在甲机上显示，然后发送到计算机，以实现单片机与计算机之间的通信。

1. 设备要求

（1）装有 Keil μVision2 集成开发环境、串行口大师软件且可以在线下载软件的计算机。
（2）单片机最小系统开发平台。

2. 控制字和计数初值

晶振频率为 11.0592 MHz，串行口工作于工作方式 1，波特率为 9600 bps。用定时器 T1 作为波特率发生器的控制字和计数初值位。

控制字：TMOD=20H。

公式：$X \approx 256 - \dfrac{f_{osc} \times (SMOD+1)}{384 \times f_{baud}}$，代入已知条件，计算出计数初值为 FDH。

3. 电路连接

（1）单片机最小系统的 P1 端口接 8 个数码管的段码，P2 端口接 8 个数码管的位。
（2）单片机最小系统的 RS-232 数据线和 PC 的 COM 端口相连。

4. 参考程序

（1）用 C 语言编写的单片机发送、计算机接收程序如下：

```
#include<reg52.h>
#define uint unsigned int       //数据类型宏定义——无符号整型
#define uchar unsigned char     //数据类型宏定义——无符号字符型
uchar code led_seg[]={0xc0,0xf9,0xa4,0xb0,0x99,0x92,0x82,0xf8,0x80,0x90,
                     0x88,0x83,0xc6,0xa1,0x86,0x8e};  //段码表0～F
uchar code led_bit[]={0xfe,0xfd,0xfb,0xf7};          //位选数组
uchar code led_dat[]={0x0,0x1,0x2,0x3,0x4,0x5,0x6,0x7,0x8,0x9};
                     //串行口数据表0～9
uchar led_seg_index = 0;        //段码索引
uchar led_bit_index = 0;        //位选索引
uchar send_count = 0;           //串行口发送数据计数
uchar flag = 1;                 //结束串行口发送标志位，若flag=1,则允许串行口发送
                                  若flag=0,则结束串行口发送
void delay(uint z)              //延迟函数
{
  uint x,y;
  for (x=z;x>0;x--)
    for (y=122;y>0;y--);
```

```c
}
void InitUART(void)              //串行口初始化函数
{
    TMOD = 0x20;       //采用定时器T1作为波特率发生器,为8位自动重载模式
    SCON = 0x50;       //串行口工作于工作方式1,1 bit 起始位,1 bit 停止位,8 bit 数据位
    TH1 = 0xFD;        //串行口波特率为9600 bps
    TL1 = TH1;
    PCON = 0x00;           //波特率正常,不加倍
    EA = 1;                //开总中断
    TR1 = 1;               //启动定时器T1
}
//通过单片机的UART向外发送一个字节函数
void SendOneByte(unsigned char data_send)
{
    SBUF = data_send;    //将待发送数据写入发送缓存
    while(!TI);          //采用查询模式,TI判断发送操作是否完毕,TI=1表示发送完毕
    TI = 0;              //软件清0发送结束标志位
}
void main(void)          //主函数
{
    InitUART();          //调用串行口初始化函数
        while(1)
        {
            P2 = led_bit[led_bit_index];    //P2端口低4位输出位选信号
            P0 = led_seg[led_seg_index];    //P0端口输出段码信号
            led_seg_index++;
            led_bit_index++;                //扫描位
            delay(5);      //延迟调整,增大延迟可以观察到扫描的效果
            if(led_seg_index==4)            //显示4位数字
                led_seg_index = 0;
            if(led_bit_index==4)            //显示4位数字
                led_bit_index = 0;
            if(flag)                        //判断串行口是否发送完4位数字
            {
                SendOneByte(led_dat[send_count]);   //发送1位数字
                send_count++;               //发送数据计数
            }
            if(send_count==4)   //若发送完4位数字,则结束串行口发送,标志位置0
                flag = 0;
        }
}
```

(2) 用 C 语言编写的单片机接收、计算机发送程序如下：

```c
#include<reg52.h>
#define uint unsigned int          //数据类型宏定义——无符号整型
#define uchar unsigned char        //数据类型宏定义——无符号字符型
uchar led_seg = 0x8c;              //"P"的段码
uchar code led_bit[]={0xfe,0xfd,0xfb,0xf7};     //位选数组
uchar led_bit_index = 0;           //位选索引
uchar serial_data[4];              //接收到的串行口数据
uchar flag = 0;        //显示控制标志位，flag=0 显示"P", flag=1 显示接收到的串行口数据
uchar r_num = 0;                   //串行口接收数据缓存指针
uchar code led_seg_dat[]={0xc0,0xf9,0xa4,0xb0,0x99,0x92,0x82,0xf8,0x80,
                0x90,0x88,0x83,0xc6,0xa1,0x86,0x8e};//段码表 0~F
 void delay(uint z)                //延迟函数
{
   uint x,y;
   for (x=z;x>0;x--)
     for (y=122;y>0;y--);
}
void InitUART(void)                //串行口初始化函数
{
   TMOD = 0x20;//采用定时器 T1 作为波特率发生器，为 8 位自动重载模式
   SCON = 0x50;//串行口工作于工作方式 1, 1 bit 起始位，1 bit 停止位，8 bit 数据位
   TH1 = 0xFD;                     //串行口波特率为 9600 bps
   TL1 = TH1;
   PCON = 0x00;                    //波特率正常，不加倍
   EA = 1;                         //开总中断
   ES = 1;                         //允许串行口中断
   TR1 = 1;                        //启动定时器 T1
}
void main(void)                    //主函数
{
   InitUART();                     //调用串行口初始化函数
   while(1)
   {
       if(!flag)                   //判断显示控制标志，确定显示"P"
       {
           P2 = led_bit[0]; //P2 端口低 4 位输出位选信号（一位数码管有效）
           P0 = led_seg;    //P0 端口输出段码信号（字母 P）
       }
```

```
                    else
                    {
                        P2 = led_bit[led_bit_index];
                        P0 = led_seg_dat[serial_data[r_num]];
                        led_bit_index++;
                        r_num++;
                        delay(3);
                        if(led_bit_index==4)
                            led_bit_index = 0;
                        if(r_num==4)
                            r_num = 0;
                    }
            }
}
void UARTInterrupt(void) interrupt 4    //串行口中断服务程序
{
    EA=0;                                //关闭总中断
    if(RI)                               //判断是否接收完毕
    {
        RI = 0;                          //软件清0接收完毕标志位
            if(r_num<4)
                serial_data[r_num++] = SBUF;    //将接收到的数据读入数组
            if(r_num==4)
            {
                flag = 1;                //更新显示控制标志位,开始显示接收到的串行口数据
                r_num = 0;               //复位串行口接收数据指针
            }
    }
        else
            TI=0;
        EA=1;                            //重新开启总中断
}
```

5. 实施步骤

(1) 连接电路,编写单片机发送程序,并下载到 AT89S52 单片机中。用数据线将单片机和计算机连接起来,打开 ComCapture 程序界面,如图 5.1 所示。

图 5.1 ComCapture 程序界面

（2）进行设置后，单击"串行口调试"按钮，出现如图 5.2 所示的串行口调试界面。

图 5.2 串行口调试界面

（3）按下复位键，就发送一次数据，查看数据是否正确。数据发送界面如图 5.3 所示。

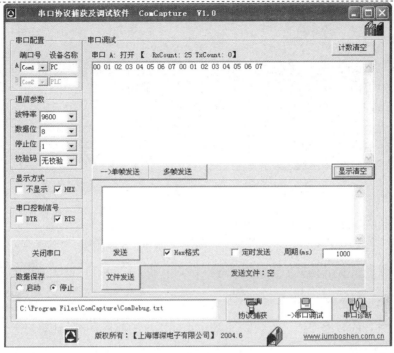

图 5.3 数据发送界面

（4）连接电路，编写单片机接收程序，并下载到 AT89S52 单片机中。用数据线将单片机和计算机连接起来。打开 ComCapture 程序界面进行设置，单片机显示"P"等待接收，在计算机软件上输出 8 个要发送的数据后，单击"发送"按钮，数据就发到单片机上，并显示在数据接收界面中，查看数据是否正确。数据发送界面如图 5.4 所示。

图 5.4 数据发送界面

（5）实现单片机与计算机之间的通信。

6. 成绩评定

（1）按要求完成训练项目。 （40分）
（2）修改程序，要求发送数据 3～10，编写程序并显示，发送到计算机上。 （30分）
（3）编写单片机接收数据 3～10 的程序并显示。 （30分）

小题分值	（1）40	（2）30	（3）30	总分
小题得分				

5.1 单片机与计算机之间的通信

5.1.1 数据通信的概念与通信方式

扫一扫看微课视频：数据通信的概念

1. 数据通信的概念

设备之间进行的数据交换，如 CPU 与外设之间进行的数据交换、计算机之间进行的数据交换等，称为数据通信。

在数据通信与计算机领域中，有两种基本的数据传送方式，即并行数据传送方式与串行数据传送方式，也称并行通信与串行通信。

数据在多条并行传输线上各位同时传送的方式，称为并行通信。并行通信的优点是传送速度快；缺点是数据有多少位，就需要用多少条传输线，故多用于近距离传送，如图 5.5（a）所示。

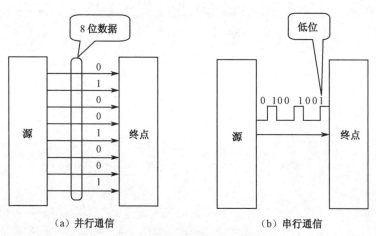

图 5.5 数据通信方式示意图

数据按位的顺序进行传送的方式，称为串行通信，其最少只需要一条传输线即可完成，成本低但速度慢。计算机与外界的数据传送大多数是以串行方式进行的，其传送的距离可以从几米到几百万米，如图 5.5（b）所示。

2. 数据通信的形式

串行通信共有以下几种数据通信的形式。

1）单工（Simplex）形式

单工形式的数据传送是单向的。通信双方中一方固定为发送端，另一方固定为接收端。单工形式的串行通信只需要一条数据线，如图5.6（a）所示。例如，计算机与打印机之间的串行通信就是单工形式的，因为只能从计算机向打印机发送数据，而不可能有相反方向的数据传送。

2）半双工（Half-duplex）形式

半双工形式的数据传送是双向的。但任何时刻只能由其中的一方发送数据，另一方接收数据。因此，半双工形式既可以使用一条数据线，也可以使用两条数据线，如图5.6（b）所示。

3）全双工（Full-duplex）形式

全双工形式的数据传送也是双向的，并且可以同时发送和接收数据。因此，全双工形式的串行通信需要两条数据线，如图5.6（c）所示。

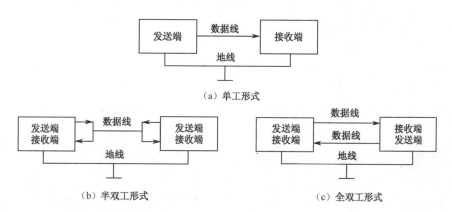

图5.6 串行通信的数据通信形式

3. 串行通信的基本通信方式

按照串行数据的同步方式，串行通信可分为异步通信方式和同步通信方式。

1）异步通信方式

异步通信先用起始位"0"表示字符的开始，然后由低位到高位逐位传送数据，最后用停止位"1"表示字符的结束，如图5.7所示。异步通信数据一般按帧传送。图5.7（a）中一帧信息包括1位起始位、8位数据位和1位停止位。图5.7(b)中数据位增加到9位。在AT89S52单片机中，第9位数据D8既可以用作奇偶校验位，也可以用作地址/数据帧标志，D8=1表示该帧信息传送的是地址，D8=0表示该帧信息传送的是数据。两帧信息之间可以无间隔，也可以有间隔，且间隔时间可任意改变，间隔用空闲位"1"来填充。

帧：从起始位开始到停止位结束的全部内容称为一帧，帧是一个字符的完整通信格式，因此也把串行通信的字符格式称为帧格式。

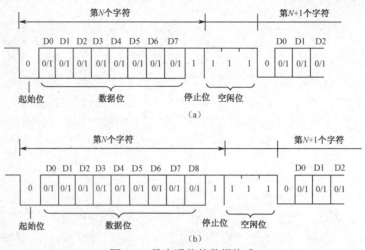

图 5.7 异步通信的数据格式

起始位：发送器通过发送起始位开始一个字符的传送，起始位使数据线处于逻辑"0"状态。

数据位：起始位之后就是数据位。在数据位中，低位在前（左），高位在后（右）。数据位可以是第 5、6、7 或 8 位。

奇偶校验位：奇偶校验位用于对字符传送进行正确性检查。它共有 3 种可能，即奇校验、偶校验和无校验。

停止位：停止位在最后，用以表示一个字符传送的结束，它对应逻辑"1"状态。停止位可能是第 1、1.5 或 2 位。

在实际应用中，通信的双方应根据需要在通信发生之前确定上述内容。

2）同步通信方式

在同步通信中，每个数据块开头时都发送一个或两个同步字符，使发送与接收双方取得同步。数据块的各个字符之间取消了每个字符的起始位和停止位，因此通信速度得以提高。同步通信的数据格式如图 5.8 所示。在进行同步通信时，如果发送的数据块之间有间隔时间，则发送同步字符填充。

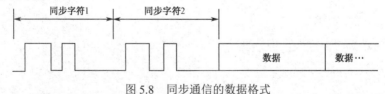

图 5.8 同步通信的数据格式

5.1.2 串行通信总线标准及其接口

在设计通信接口时，要根据需要选择标准接口，并考虑传输介质、电平转换等问题。根据传输距离不同，可以选择不同的总线标准。如果是短距离传送，只需要 TXD、RXD 和 GND 3 条数据线，如图 5.9（a）所示；如果传输距离在 15 m 左右，则采用 RS-232 标准接口，可提高信号幅度，加大传输距离，如图 5.9（b）所示；如果是长距离传送，则采用 RS-485 标准接口。

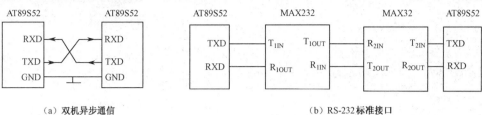

(a) 双机异步通信　　　　　　　　　(b) RS-232 标准接口

图 5.9　两种串行通信连接示意图

1．RS-232 标准

RS-232 标准是美国 EIA（电子工业联合会）与 BELL 等公司一起开发，并于 1969 年公布的通信协议，它规定了串行数据传送的连接电缆、机械特性、电气特性、信号功能及传送过程的标准。

1）电气特性

RS-232 标准对电气特性、逻辑电平和各种信号线功能都做了规定。在数据线上，逻辑"1"的电平为–15～–3 V，逻辑"0"的电平为+3～+15 V；对于控制信号，接通状态（ON），即信号有效的电平为+3～+15 V，断开状态（OFF），即信号无效的电平为–15～–3 V。介于–3 V 和+3 V 之间的电平无意义，低于–15 V 或高于+15 V 的电平也无意义。在实际工作时，电平应保证在+3～+15 V 和–15～–3 V 范围内。

RS-232 标准用正、负电平来表示逻辑状态，与 TTL 以高、低电平表示逻辑状态的规定不同。因此，为了实现同计算机接口或终端的 TTL 器件连接，必须在 RS-232 标准与 TTL 电路之间进行电平和逻辑关系的转换。目前广泛使用集成电路转换器件来实现这一转换，如 MC1489、SN75154 芯片可实现 EIA 到 TTL 电平的转换，而 MC1488、SN75150 可完成 TTL 到 EIA 电平的转换。MAX232 芯片可完成 TTL 到 EIA 双向电平的转换，如图 5.10 所示。

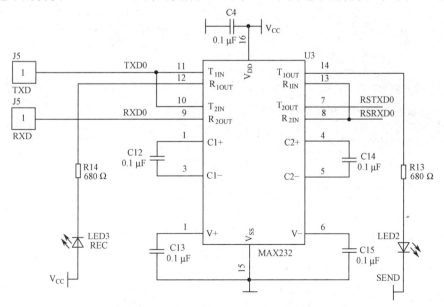

图 5.10　TTL 到 EIA 双向电平的转换

2）信号接口

与 RS-232 标准相匹配的连接器有 DB-25、DB-9，其引脚定义各不相同，下面只介绍 DB-9 的引脚，如图 5.11 所示。DB-9 的引脚定义如表 5.1 所示。

表 5.1 DB-9 的引脚定义

引脚	信号名	功　能
1	DCD	载波检测
2	RXD	接收数据
3	TXD	发送数据
4	DTR	数据终端准备就绪
5	GND	信号地线
6	DSR	数据准备完成
7	RTS	发送请求
8	CTS	发送清除
9	RI	振铃指示

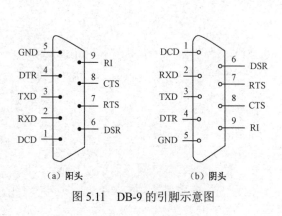

图 5.11 DB-9 的引脚示意图

2. AT89S52 单片机的串行口结构与控制

1）串行口结构

AT89S52 单片机有一个全双工的串行口，可作为通用异步接收和发送器（UART）使用，也可作为同步移位寄存器使用。AT89S52 单片机的串行口主要由两个物理上独立的串行数据缓冲寄存器（SBUF）、发送控制器、接收控制器、输入移位寄存器和串行控制寄存器等组成，如图 5.12 所示。发送 SBUF 只能写，不能读；接收 SBUF 只能读，不能写。两个串行数据缓冲寄存器共用一个地址 99H，可以用读/写指令区分。

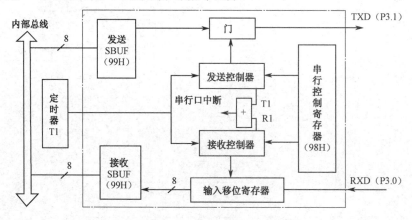

图 5.12 AT89S52 串行口结构

AT89S52 单片机通过引脚 RXD（P3.0）和引脚 TXD（P3.1）与外界进行通信。

AT89S52 单片机串行 I/O 口的基本工作过程：发送时，将 CPU 送来的并行数据转换成一定格式的串行数据,从引脚 TXD(P3.1)上按规定的波特率逐位输出;接收时,要监视引脚 RXD(P3.0),一旦出现起始位"0",就将外围设备送来的、一定格式的串行数据转换成并行数据,等待 CPU 读入。

接收 SBUF 是为了避免在接收下一帧数据之前,CPU 未能及时响应接收控制器的中断把上一帧数据读走,产生两帧数据重叠问题而设置的双缓冲结构。发送 SBUF 为了保持最大传输率一般不需要双缓冲,这是因为发送时 CPU 是主动的,不会产生写重叠的问题。

2)串行口控制

AT89S52 单片机的串行口是可编程口,对其编程就是将控制字写入控制寄存器 SCON 和 PCON。

(1)串行口控制寄存器 SCON(98H)。

串行口控制寄存器 SCON 是一个特殊功能寄存器,字节地址为 98H,有位寻址功能。SCON 格式如表 5.2 所示。

表 5.2 SCON 格式

位地址	9FH	9EH	9DH	9CH	9BH	9AH	99H	98H
位符号	SM0	SM1	SM2	REN	TB8	RB8	TI	RI

其功能说明如下。

① SM0、SM1——串行口工作方式选择位,其状态组合所对应的工作方式如表 5.3 所示。

表 5.3 SM0、SM1 状态组合所对应的工作方式

SM0	SM1	工作方式	说明	波特率
0	0	工作方式 0	同步移位寄存器	$f_{osc}/12$
0	1	工作方式 1	10 位异步收发器	波特率可变
1	0	工作方式 2	11 位异步收发器	$f_{osc}/32$ 或 $f_{osc}/64$
1	1	工作方式 3	11 位异步收发器	波特率可变

② SM2——多机通信控制位。

SM2 主要用于工作方式 2 和工作方式 3。当串行口以工作方式 2 或工作方式 3 接收数据时,如 SM2=1,只有当接收到的第 9 位数据(RB8)为 1 时,才将接收到的前 8 位数据送入接收 SBUF,并置位 RI 产生中断请求;否则,将接收到的前 8 位数据丢弃。当 SM2=0 时,不论第 9 位数据为 0 还是为 1,都将前 8 位数据送入接收 SBUF,并产生中断请求。

③ REN——允许接收位。

REN=0,禁止接收;REN=1,允许接收。该位由软件置位或复位。

④ TB8——发送数据位第 9 位。

在使用工作方式 2 或工作方式 3 时,TB8 的内容是发送的第 9 位数据,其值由用户通过软件设置。在双机通信中,TB8 一般作为奇偶校验位使用;在多机通信中,常以 TB8 的状态表示主机发送的是地址帧还是数据帧,且一般约定 TB8=0 为数据帧,TB8=1 为地址帧。

⑤ RB8——接收数据位第 9 位。

在使用工作方式 2 或工作方式 3 时，RB8 存放接收到的第 9 位数据，代表接收数据的某种特征（与 TB8 的功能类似），故应根据其状态对接收数据进行操作。

⑥ TI——发送中断标志位。

在使用工作方式 0 时，发送完第 8 位数据后，该位由硬件置位。在其他工作方式下，当发送停止位时，该位由硬件置位。因此 TI=1 表示帧发送结束。其状态既可供软件查询使用，也可以请求中断。TI 由软件清 0。

⑦ RI——接收中断标志位。

在使用工作方式 0 时，接收完第 8 位数据后，该位由硬件置位。在其他工作方式下，当接收到停止位时，该位由硬件置位。因此 RI=1 表示帧接收结束。其状态既可供软件查询使用，也可以请求中断。RI 由软件清 0。

（2）电源控制寄存器 PCON（87H）。

电源控制寄存器 PCON 主要是为控制 CHMOS 型单片机电源而设置的专用寄存器，串行口只用到其最高位 SMOD。PCON 不能位寻址，其位格式如表 5.4 所示。

表 5.4　PCON 位格式

SMOD	—	—	—	GF1	GF0	FD	ID

SMOD——串行口波特率的倍增位。

当 SMOD=1 时，串行口波特率加倍；当系统复位时，SMOD=0。

5.1.3　AT89S52 单片机的串行口工作方式

1．串行口的波特率设计

1）波特率

每秒传送的二进制数位数称为波特率，以 f_{baud} 表示，波特率的单位为 bps（位/秒）。

例如，电传打字机的传送速率为每秒 10 个字符，若每个字符为 11 位，则波特率为 11 bit/个字符×10 个字符/s=110 bps。

2）波特率设计

AT89S52 单片机串行口的工作方式不同，波特率也不同。

工作方式 0 的波特率固定不变，仅与系统的振荡频率 f_{osc} 有关：

$$f_{baud}=f_{osc}/12$$

工作方式 2 的波特率固定不变：

$$f_{baud}=2^{SMOD} \times f_{osc}/64$$

工作方式 1 和工作方式 3 的波特率是可变的，以定时器 T1 作为波特率发生器使用，其值由定时器 T1 的计数溢出率来决定：

$$f_{baud}=2^{SMOD}/(32×定时器\ T1\ 溢出率)$$

当将定时器 T1 作为波特率发生器使用时，选用工作方式 2（8 位自动加载方式）。假定计数初值为 X，则计数溢出周期为 $12×(256-X)/f_{osc}$。

因为溢出率为溢出周期的倒数,所示波特率计算公式为

$$f_{baud}=2^{SMOD} \times f_{osc}/[32\times12\times(256-X)]$$

实际使用时,总是先确定波特率,再计算定时器 T1 的计数初值,最后进行定时器的初始化。根据上述波特率计算公式,可得出计数初值的计算公式为

$$X \approx 256 - \frac{f_{osc} \times (SMOD+1)}{384 \times f_{baud}}$$

表 5.5 所示为常用的波特率及相应的振荡器频率、T1 工作方式和计数初值。

表 5.5 常用的波特率及相应的振荡器频率、T1 工作方式和计数初值

波特率（工作方式 1、3 的情况）/bps	f_{osc}/MHz	SMOD	定时器 T1		
			C/$\overline{T}$	模式	初值
62.5 k	12	1	0	2	FFH
19.2 k	11.059	1	0	2	FDH
9.6 k	11.059	0	0	2	FDH
4.8 k	11.059	0	0	2	FAH
2.4 k	11.059	0	0	2	F4H
1.2 k	11.059	0	0	2	E8H
110	12	0	0	1	FEEBH

例如,振荡频率 f_{osc}=11.0592 MHz,若 SMOD=0,通信波特率为 9600 bps,则

$$X \approx 256 - \frac{f_{osc} \times (SMOD+1)}{384 \times f_{baud}} = 253 = FDH$$

初始化程序如下:

```
MOV TMOD,#20H      ;设定时器 T1 为工作方式 2
MOV TH1,#0FDH      ;设定波特率为 9600 bps
MOV TL1,#0FDH
SETB TR1           ;启动定时器 T1
MOV PCON,#00H      ;SMOD=0
MOV SCON,#50H      ;串行口工作在工作方式 1
```

2．串行口工作方式

1）串行口工作方式 0

工作方式 0 通过外接移位寄存器芯片实现扩展并行 I/O 口的功能,该方式又称为移位寄存器方式。串行数据通过 RXD 输入或输出,TXD 用于输出移位时钟,作为外围设备的同步信号。其发送或接收 8 位数据,波特率固定为 f_{osc}/12（f_{osc} 是单片机主频频率）。

发送过程以指令"MOV SUBF, A"开始,当 8 位数据传送完,定时器 TI 被置 1 后可再发送下一位数据。

接收前置 REN=1 和 RI=0,当 8 位数据接收结束,RI 被置 1,可通过指令"MOV A,SBUF"将数据读入。

图 5.13 所示为串行扩展为并行输出口电路,它采用了一个串入并出移位寄存器,TXD

连接串行口输出移位寄存器 74LS164 的时钟端，RXD 连接 74LS164 的输入端，P1.0 连接 74LS164 的 CLR 选通端。

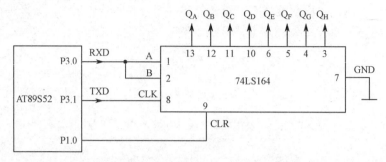

图 5.13 串行扩展为并行输出口电路

根据硬件连接，工作方式 0 发送数据程序如下：

```
SETB P1.0            ;选通 74LS164
MOV SCON,#00H        ;串行口工作在工作方式 0
MOV A,#DATA
MOV SBUF,A           ;发送数据
JNB TI,$             ;等待发送完
CLR TI               ;清除定时器 TI 的中断标志
CLR P1.0             ;清除 74LS164
```

2）串行口工作方式 1

工作方式 1 是 10 位异步通信方式，每帧数据由 1 个起始位"0"、8 个数据位和 1 个停止位"1"共 10 位构成。其中，起始位和停止位是在发送时自动插入的。工作方式 1 以 TXD 为串行数据的发送端，RXD 为串行数据的接收端，定时器 T1 提供移位脉冲，其波特率是可变的。

工作方式 1 发送：CPU 执行一条写入 SBUF 的指令就启动串行口的发送，首先发送起始位"0"，此后每经过一个时钟周期产生一个移位脉冲，并且由 TXD 输出 1 个数据位，当 10 位数据全部发送后，使定时器 TI 置 1。

工作方式 1 接收：当 REN=1 时，接收器就以 16 倍波特率的速率采样 RXD，一旦采样到 RXD 由 1 到 0 的负跳变，就启动接收器接收。接收的值是 3 次采样中至少 2 次相同的值，防止传送错误。若接收的第一位不是"0"，则起始位无效，复位接收电路，重新采样 RXD 上的负跳变。若接收的第一位是"0"，则起始位有效，接收器开始接收本帧其余数据。在工作方式 1 接收中，若下列两个条件成立，则 RI=1，8 位数据进入 SBUF，停止位进入 RB8。这两个条件如下：

（1）RI=0。

（2）SM2=0 或接收到的停止位为"1"。

若不满足上述两个条件，则接收到的信息将丢失，不再恢复，也不置位 RI。

工作方式 1 适用于点对点的异步通信，若通信双方都使用 AT89S52 单片机的串行口，则可以直接将它们的串行口相连，如图 5.9（a）所示。

实例 5.1　AT89S52 单片机的串行口按全双工方式收发 ASCII 码,甲机发送的字符从片外 RAM 的 1000H 开始,检测到结束字符 0AH 就结束发送,乙机将接收的字符放在片内 RAM 的 30H 地址开始的空间。要求通信的波特率为 9600 bps,用中断方式编写通信程序。

主程序：

```
            MOV   TMOD,#20H       ;定时器TI设为工作方式2
            MOV   TL1,#0FDH        ;定时器初值
            MOV   TH1,#0FDH        ;8位重装值
            SETB  TR1              ;启动定时器TI
            MOV   SCON,#50H        ;将串行口设置为工作方式1,REN=1
            MOV   DPTR,#1000H      ;发送数据区首地址送DPTR
            MOV   R0,   #30H       ;接收数据区首地址送R0
            SETB  ES
            SETB  EA               ;开中断
            ACALL SEND             ;先发送一个字符
LOOP:       SJMP  LOOP             ;等待中断
```

中断服务程序：

```
            ORG   0023H            ;串行口中断入口
            LJMP  RSI              ;转至中断服务程序
            ORG   0100H
RSI:        JNB   RI, SEN          ;TI=1,为发送中断
            ACALL REV              ;RI=1,为接收中断
            SJMP  NEXT             ;转至统一的出口
SEN:        ACALL SEND             ;调用发送子程序
NEXT:       RETI                   ;中断返回
```

发送子程序：

```
SEND:       CLR   TI
            MOVX  A,@DPTR          ;取发送数据到累加器A
            INC   DPTR             ;修改发送数据指针
            MOV   SBUF,A           ;发送ASCII码
            CJNE  A,#0AH,SEN1      ;是否为结束字符
            CLR   ES               ;关闭串行口中断
SEN1:       RET                    ;返回
```

接收子程序：

```
REV:        CLR   RI
            MOV   A, SBUF          ;读出接收缓冲区内容
            MOV   @R0, A           ;读入接收缓冲区
            INC   R0               ;修改接收数据指针
            CJNE  A,#0AH,RES       ;是否为结束字符
            CLR   ES               ;关闭串行口中断
RES:        RET                    ;返回
```

3）串行口工作方式 2

工作方式 2 是 11 位异步通信方式，每帧数据由 1 个起始位"0"、9 个数据位和 1 个停止位"1"共 11 位构成。其中，发送的第 9 位由 SCON 的 TB8 提供，接收的第 9 位存在 SCON 的 RB8。其波特率是固定的，为 $f_{osc}/32$ 或 $f_{osc}/64$。

工作方式 2 发送：CPU 执行一条写入 SBUF 的指令就启动串行口的发送，并把 TB8 的内容装入发送寄存器的第 9 位。首先发送起始位"0"，此后每经过一个时钟周期就产生一个移位脉冲，并且由 TXD 输出 1 个数据位，当 11 位数据全部发送完，使 TI 置 1。

工作方式 2 接收：接收过程和工作方式 1 类似，当 REN=1 时，允许串行口接收数据。数据由 RXD 输入，接收 11 位数据。在工作方式 2 接收中，若下列两个条件成立，则 RI=1，8 位数据进入 SBUF，第 9 位数据进入 RB8。这两个条件如下：

（1）RI=0。
（2）SM2=0 或接收到的第 9 位数据为"1"。

若不满足上述两个条件，则接收到的信息将丢失，不再恢复，也不置位 RI。

实例 5.2 设计一个发送程序，将片内 RAM 30H～3FH 中的数据串行发送，串行口设定为工作方式 2，TB8 作为奇偶校验位。在数据写入发送 SBUF 之前，先将数据的奇偶位 P 写入 TB8，这时第 9 位数据作为奇偶校验位使用。

程序清单如下：

```
TRT:    MOV   SCON,#80H     ;工作方式2设定
        MOV   PCON,#80H     ;取波特率为 fosc/32
        MOV   R0,#30H
        MOV   R7,#10H       ;数据长度 10H
LOOP:   MOV   A,@R0         ;取数据送累加器 A
        MOV   C,PSW.0
        MOV   TB8,C
        MOV   SBUF,A        ;数据送 SBUF，启动发送
WAIT:   JBC   TI,CONT       ;判断发送是否结束
        SJMP  WAIT
CONT:   INC   R0
        DJNZ  R7,LOOP
        RET
```

4）串行口工作方式 3

工作方式 3 为波特率可变的 11 位异步通信方式，除波特率外，工作方式 3 和工作方式 2 相同。

项目任务 10　单片机与单片机之间的数字传送显示

利用 AT89S52 单片机实现单片机与单片机之间的通信，本任务要求在甲机 20H～27H 单元中存放的数据，首先在甲机上显示，此时乙机显示"P"，等待接收甲机发送的数据，数据接收完成后显示在乙机上，实现单片机与单片机之间的通信。

1．设备要求

（1）装有 Keil μVision2 集成开发环境、串行口大师软件且可以在线下载软件的计算机。
（2）单片机最小系统开发平台。

2．控制字和计数初值

晶振频率为 11.0592 MHz，串行口工作于工作方式 1，波特率为 9600 bps。用定时器 T1 作为波特率发生器的控制字和计数初值位。

控制字：TMOD= 20H。

公式：$X \approx 256 - \dfrac{f_{osc} \times (\text{SMOD}+1)}{384 \times f_{baud}}$，代入已知条件，计算出计数初值为 FDH。

3．电路连接

（1）甲机、乙机最小系统的 P1 端口接 8 个数码管的段码，P2 端口接 8 个数码管的位。
（2）甲机上显示数字 1~8，乙机上显示"P"，等待接收数据。
（3）用导线将甲机的 P3.0 引脚接到乙机的 P3.1 引脚，将甲机的 P3.1 引脚接到乙机的 P3.0 引脚，同时将甲机和乙机的地线连接起来，即两台机器的 TXD 和 RXD 交叉连接，地线互连。

4．参考程序

（1）单片机发送程序：

```
        ORG    0000H
        LJMP   MAIN
        ORG    0100H
MAIN:   MOV    SP,  #60H
        MOV    20H, #00H
        MOV    21H, #01H
        MOV    22H, #02H
        MOV    23H, #03H
        MOV    24H, #04H
        MOV    25H, #05H
        MOV    26H, #06H
        MOV    27H, #07H
        LCALL  FA              ;调发送子程序
LP7:    LCALL  DIR             ;调显示子程序
        SJMP   LP7
FA:     MOV    TMOD,#20H       ;发送子程序，定时器 T1，工作方式 2
        MOV    TL1, #0FDH
        MOV    TH1, #0FDH      ;赋重装值 11.0592MHz
        SETB   TR1
        MOV    SCON, #40H      ;工作方式 1 采用 10 位异步发送
```

```
                MOV   R2, #08H
                MOV   R0, #20H
        T_WAIT: MOV   A, @R0           ;取数
                MOV   SBUF, A
                JNB   TI,$
                CLR   TI                ;清标志
                INC   R0
                DJNZ  R2, T_WAIT
                RET
        DIR:    MOV   R0, #20H         ;显示子程序
                MOV   R1, #0FEH
                MOV   A, R1
        LP:     MOV   P2, A            ;位显
                MOV   A, @R0
                ACALL LP3
                MOV   P1, A
                ACALL DEL              ;调延时子程序
                INC   R0
                MOV   A, R1
                JNB   0E7H, LOOP4      ;最高位为 0 则转移,否则顺序执行
                RL    A                ;左移
                MOV   R1, A
                SJMP  LP
        DEL:    MOV   R7, #01H         ;延时子程序
        L4:     MOV   R6, #0FAH
        L2:     DJNZ  R6, L2
                DJNZ  R7, L4
                RET
        LOOP4:  RET
        LP3:    ADD   A, #01H
                MOVC  A, @A+PC
                RET
            DB  0C0H,0F9H,0A4H,0B0H,99H,92H,82H,0F8H
                END
```

（2）单片机接收程序：

```
                ORG   0000H
                LJMP  MAIN
                ORG   0100H
        MAIN:   MOV   SP, #60H
                MOV   P1, #8CH         ;开机显示"P"
                MOV   P2,#7FH          ;最高位
```

```
            LCALL    JS              ;调接收子程序
   LP7:     LCALL    DIR             ;调显示子程序
            SJMP     LP7
   JS:      MOV      TMOD,#20H       ;接收子程序
            MOV      TL1, #0FDH      ;定时器初值
            MOV      TH1, #0FDH      ;赋重装值 11.0592 MHz, 9600 bps
            SETB     TR1             ;启动定时器 T1
            MOV      SCON,#50H       ;工作方式 1 采用 10 位异步接收
            MOV      R2, #08H
            MOV      R0, #20H        ;接收首地址
   T_WAIT:  JNB      RI, $           ;等待接收
            CLR      RI              ;清 RI
            MOV      A, SBUF
            MOV      @R0,A
            INC      R0
            DJNZ     R2,T_WAIT       ;未发完继续
            RET
   DIR:     MOV      R0, #20H        ;显示子程序
            MOV      R1, #0FEH
            MOV      A, R1
   LP:      MOV      P2, A           ;位显
            MOV      A, @R0
            ACALL    LP3
            MOV      P1, A
            ACALL    DEL             ;调延时子程序
            INC      R0
            MOV      A, R1
            JNB      0E7H, LOOP4     ;最高位为 0 则转移,否则顺序执行
            RL       A               ;左移
            MOV      R1, A
            SJMP     LP
   DEL:     MOV      R7,#01H         ;延时子程序
   L4:      MOV      R6, #0FAH
   L2:      DJNZ     R6, L2
            DJNZ     R7, L4
            RET
   LOOP4:   RET
   LP3:     ADD      A, #01H
            MOVC     A, @A+PC
            RET
            DB       0C0H,0F9H,0A4H,0B0H,99H,92H,82H,0F8H
            END
```

5．实施步骤

（1）连接电路，编写单片机发送程序，并下载到甲机中。

（2）连接电路，编写单片机接收程序，并下载到乙机中，单片机显示"P"，等待接收。

（3）按下甲机的复位键，将甲机上的数据发送到乙机上，查看乙机上的数据是否正确。

（4）实现两台单片机之间的通信。

6．成绩评定

（1）按要求完成训练项目。（40分）

（2）修改程序，要求甲机发送数据 3～10，编写程序并显示，发送到乙机上。

（30分）

（3）修改程序，要求甲机发送数据 3～10，编写程序并显示，然后把甲机的数据同时发送到乙机上，实现两台单片机之间的通信。（30分）

小题分值	（1）40	（2）30	（3）30	总分
小题得分				

5.2 单片机与单片机之间的通信

在单片机的应用系统中，经常需要多个单片机之间协调工作，AT89S52 单片机串行口的工作方式 2 和工作方式 3 有一个专门的应用领域，即多机通信。利用这一功能，AT89S52 单片机可以构成主/从式分布系统，其电路图如图 5.14 所示。

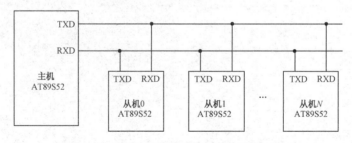

图 5.14 主/从式分布系统电路图

在多机通信中，主机发送的信息可发送到各个从机，各个从机的信息只能被主机接收。在多机通信中，要保证主机和从机之间能可靠地通信，必须保证通信接口具有识别功能，而 AT89S52 单片机的串行口控制器 SCON 中的 SM2 就可以实现此功能。在多机通信中，主机向从机发送的信息分为地址帧和数据帧，以 SCON 中的 TB8 作为标志，TB8=0 表示数据，TB8=1 表示地址。当串行口以工作方式 2（或工作方式 3）工作时，发送和接收的每一帧都是 11 位的，其中第 9 位就是 TB8（发送）或 RB8（接收）。当从机的 SM2=1 时，若接收的第 9 位 RB8=1，则将接收的前 8 位数据（地址帧）送入 SBUF，并置 RI=1，向 CPU 申请中断；若接收的第 9 位 RB8=0，则将接收的前 8 位数据舍弃。当从机的 SM2=0 时，则接收所有信息（数据帧）。多机通信过程如下：

(1) 使所有从机的 SM2=1，准备接收主机发送的地址帧。
(2) 主机发送地址帧（TB8=1），指出接收从机的地址。
(3) 从机接收到地址帧后，与自身地址相比较。
(4) 与主机发送地址相同的从机的 SM2=0，准备接收数据帧，地址不相同的从机 SM2 仍为 1。
(5) 主机发送数据帧（TB8=0），已被寻址的从机 SM2=0，可以接收数据帧；未被寻址的从机由于 SM2=1，不能接收此数据帧。
(6) 此次通信结束后，被寻址的从机的 SM2=1，进行下次通信。

项目训练 9 门禁控制系统的设计

1．训练要求

（1）掌握门禁系统的概念。
（2）掌握非接触式 IC 卡门禁系统的组成。
（3）通过门禁系统的训练，掌握串行静态显示的方法。
（4）掌握卡号显示方法。
（5）进一步掌握单片机的使用技巧和方法。

2．训练目标

利用 AT89S52 单片机制作一非接触式 IC 卡门禁系统，要求实现如下功能。

1）程序控制开锁

当读卡器检索到合法 IC 卡时，由 CPU 提供一个低电平信号。AT89S52 单片机复位是高电平有效，并且实际电路必须有看门狗电路，一旦出现故障，也需高电平复位，因此采用低电平作为控制门的开启有效信号。

2）出门按钮开锁

出门按钮按下，给出一个开启信号，此时门锁同样被打开。

3）读卡显示

当读卡器检索到合法射频卡时，七段数码管可以显示出此卡的卡号，以便识别出持卡人身份。

4）蜂鸣器报警

当门锁处于开启状态时，超过延时时间蜂鸣器就发出蜂鸣，以提示用户及时关门。

5）工作指示灯

红色指示灯提示电源正常供电。
绿色指示灯提示门锁工作状态，刷卡合法，绿色指示灯亮。

3．工具器材

直流稳压电源、门禁系统套件、编程器、PC 等。

4. 预备知识

随着科学技术的进步、社会的发展，人们对生活质量有了更高的要求，对安全防范有了更多的需求，如何有效地控制人员的出入成了一个新的课题，为此门禁控制系统在众多安防产品中脱颖而出。

顾名思义，门禁系统就是对出入口通道进行管制的系统，是一种管理人员进出的数字化管理系统。

门禁系统由门禁控制器、门禁读卡器、卡片、电控锁，以及相应的软件、电源和其他相关门禁设备组成。

目前非接触式 IC 卡门禁系统应用广泛，本项目训练将以我校合作企业研制的门禁系统为载体，重点讲解门禁系统的控制核心——AT89S52 单片机。

1）非接触式 IC 卡门禁系统框图

非接触式 IC 卡门禁系统包括读写器、中央控制电脑的软件管理系统、中央控制电脑与读写器之间的数据传输模块三部分。其中读写器是核心，包括 MCU、复位电路、时钟电路、报警及工作指示电路、显示电路、键盘、数据存储电路等主控模块，以及非接触式 IC 卡读写模块和电锁驱动部分。非接触式 IC 卡门禁系统框图如图 5.15 所示。

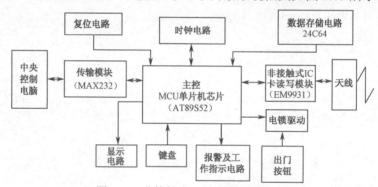

图 5.15　非接触式 IC 卡门禁系统框图

门禁系统采用 AT89S52 单片机作为控制核心，采用射频卡完成刷卡进门、按钮出门功能，其工作流程如图 5.16 所示。

2）门禁系统中单片机口的资源分配

为实现门禁系统的功能，单片机口的资源分配如下。

读卡器数据通信，2 条线（P1.1、$\overline{INT1}$）；键盘，3 条线（P1.5、P1.6、P1.7）；门控，6 条线（上锁、门态、出门、开关、音量、灯）；存储，3 条线（P2.0、P2.1、P2.2）；通信，5 条线（RXD、TXD、P1.2、P1.3、$\overline{INT0}$）；显示，2 条线（P1.0、P1.4）。

其中，存储芯片选用 24C64，通信芯片选用 75176。P1.2 控制通信芯片 75176，"0"时收，"1"时发；P1.3 控制通信申请信号，"0"时申请，"1"时不申请；$\overline{INT0}$ 控制通信的 AB 线，B2=0 时接通，B2=1 时断开。门禁系统 I/O 口输出与功能的具体分配如表 5.6 所示。

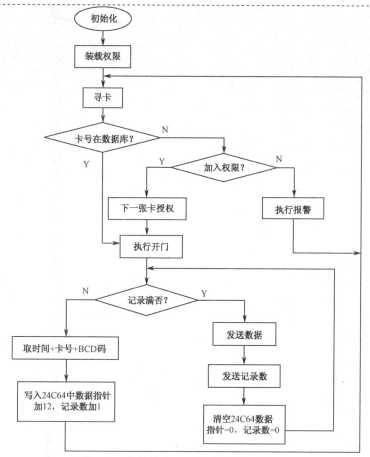

图 5.16 非接触式 IC 卡门禁系统工作流程

表 5.6 门禁系统 I/O 口输出与功能的具体分配

I/O 输出	P1.7	P1.6	P1.5	P1.4	P1.3	P1.2	P3.0	P1.0
功能	键	键	键	显示	—	—	读卡	显示
I/O 输出	P2.7	P2.6	P2.5	P2.4	P2.3	P2.2	P2.1	P2.0
功能	出门按钮	蜂鸣器	指示灯	门态	上锁	$\overline{WR}$	SCL	SDA
	"0" 有效	"0" 响	"1" 亮	—	"1" 上锁	24C64		

3) 硬件电路原理分析

非接触式 IC 卡门禁机工作过程:刷卡时,蜂鸣器响一下,若卡权限获得允许,则显示模块显示卡号,同时继电器动作将门锁打开,指示灯点亮,延时一段时间后继电器再次动作将门锁锁闭,指示灯熄灭;当按下出门按钮时,继电器动作将门锁打开,指示灯点亮,延时一段时间后继电器再次动作将门锁锁闭,指示灯熄灭。当遇到非法卡时,该系统不显示卡号,门锁不开。

(1) 门控锁电路。

门控锁电路如图 5.17 所示。

偏置电阻 R3 与三极管 Q16、Q6 构成复合驱动电路以提高驱动能力,控制锁的开与闭。

当 P2.3 引脚输出高电平时 Q16 导通,Q6 截止,此时继电器的控制线圈为开路,继电器不动作。门锁接于继电器常闭端,门锁闭合,门处于锁死状态。

当 P2.3 引脚输出低电平时 Q16 截止,Q6 导通,此时继电器的控制线圈闭合,继电器动作。继电器常闭端断开,门锁打开,门处于打开状态。

(2)蜂鸣器电路。

蜂鸣器电路由蜂鸣器,三极管 Q1、Q2 及电阻 R2 组成,如图 5.18 所示。当 P2.6 引脚输出高电平时,Q1 导通,Q2 截止,蜂鸣器回路开路,蜂鸣器不响。

当 P2.6 引脚输出低电平时,Q1 截止,Q2 导通,蜂鸣器回路闭合,蜂鸣器发出响声。

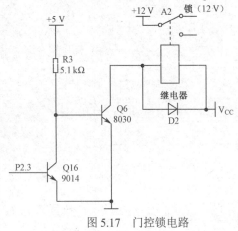

图 5.17　门控锁电路　　　　　　　　图 5.18　蜂鸣器电路

4)串行口在门禁系统中的应用

门禁系统读卡采用串行口中断方式。

(1)非接触式 IC 卡的基本原理。

非接触式 IC 卡每个卡片内都有一个小芯片和感应线圈。国内应用较广泛的 EM ID 卡,大都是由瑞士的 nEM 或我国台湾地区的 GK 公司的 4100、4102 系列 IC 芯片+线圈+卡基封装而成的。每张卡有且只有一个不可更改和复制的 ID 内码(64 位二进制数加密的永不重复的卡号),因其安全可靠、价格低廉而被大量应用于身份识别和产品防伪等领域。

(2)非接触式 IC 卡系统的构成与特点。

非接触式 IC 卡(也称为"应答器")是射频识别系统的电子数据载体,卡中嵌有耦合元件和微电子芯片。在读写器的响应范围之外时,非接触式 IC 卡处于无源状态。通常,非接触式 IC 卡没有自己的供电电源(电池),只是在读写器响应范围之内时,才是有源的,卡所需要的能量和时钟脉冲、数据,都是通过耦合单元的电磁耦合作用传输给卡的。

(3)非接触式 IC 卡读写器。

典型的非接触式 IC 卡读写器(也称为"阅读器")包含高频模块(发送器和接收器)、控制单元及与卡连接的耦合元件。由高频模块和耦合元件产生电磁场,以提供非接触式 IC 卡所需要的工作能量及发送数据给卡,同时接收来自卡的数据。

(4)常见的卡号输出格式说明。

ID 卡最常见的 5 种读卡方式的卡号定义如下(其中 H 指十六进制 Hex,D 指十进制 Dex)。

① 格式1：格式1为10位十六进制的ASCII字符串，即10位十六进制数格式，如某种卡读出十六进制数卡号为"01026f6c3a"。格式1是读卡器输出的最基本格式，其他几种格式都是基于这种格式转换而成的。

② 格式2：格式2为将格式1中的后8位转换为10位十进制数卡号，即8H～10D格式，如将"01026f6c3a"中的"026f6c3a"转换为"0040856634"。

③ 格式3：格式3为将格式1中的后6位转换为8位十进制数卡号，即6H～8D格式。如将"01026f6c3a"中的"6f6c3a"转换为"07302202"。

④ 格式4：格式4为先将格式1中的倒数第5、6位转换为3位十进制数卡号，再将后4位转换为5位十进制数卡号，中间用","分开，即"2H+4H"格式。如将2H——"6f"转换为"111"，4H——"6c3a"转换为"27706"，最终将两段号连在一起输出为"111，27706"。

⑤ 格式5：格式5为先将格式1中后8位的前4位转换为5位十进制数卡号，再将后4位转换为5位十进制数卡号，中间用","分开，即"4H+4H"格式，照此转换"01026f6c3a"的结果为"00623，27706"。

本书中的门禁系统使用的卡格式是格式4。

（5）RS-232卡号输出协议。

串行输出格式如下。

02	10ASCII Data Characters	Checksum	03

① 9600 bps，N，8，1。它表示波特率为9600 bps；数据位元为8 bits；停止位元为1。

② PIN5：TX 非反相输出。

③ PIN6：TX 反相输出。

④ 卡片号码为62E3086CED，则传送的十六进制值如下。

10ASCII Data：36H，32H 45H，33H 30H，38H 36H，43H 45H，44H
　　　　　　　（62H　　　E3H　　　08H　　　6CH　　　EDH）
Checksum：（62H）XOR（E3H）XOR（08H）XOR（6CH）XOR（EDH）=08H
Checksum为二进制格式数据。

故MTP-K4射频模块输出的完整二进制文档如下所示。
02 36 32 45 33 30 38 36 43 45 44 08 03

5）串行口程序分析

读卡是随机的，不确定的，并且软件开销大，会降低响应速度，不能采用查询方式，故门禁系统的读卡采用串行口中断方式，随时读卡，随时响应。晶振频率必须是11.0592 MHz。

（1）读卡单元：门禁系统采用EM9913BF ID射频读卡器，读卡单元电路图如图5.19所示。

读卡模块将数据按RS-232格式和Wiegand 26格式输出。EM9913BF各引脚功能如表5.7所示。

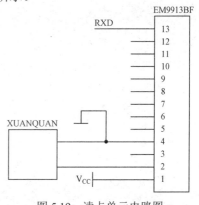

图5.19 读卡单元电路图

表 5.7 EM9913BF 各引脚功能

引脚号	引脚名称	I/O	说　明
1	DC 5V	输入	+5V 直流输入
2	ANT	输入	线圈引脚输入
3	NC	—	空引脚
4	GND	输入	接地
5	NC	—	空引脚
6	ENLED	输入	指示灯控制线，低电平使用
7	ENBEEP	输入	蜂鸣器控制线，低电平使用
8	OK_SD	输出	Wiegand 26 数据输出指示
9	BZ	输出	蜂鸣器信号线
10	D0	输出	Wiegand 26 数据 DATA0 输出
11	D1	输出	Wiegand 26 数据 DATA1 输出
12	LED	输出	指示灯信号输出
13	TXD	输出	RS-232 数据输出

（2）波特率初值计算。晶振频率为 11.0592MHz，串行口工作于工作方式 1，波特率为 9600 bps。

公式为 $X \approx 256 - \dfrac{f_{osc} \times (\text{SMOD}+1)}{384 \times f_{baud}}$，代入已知条件，计算出初值为 FDH。

（3）串行口中断初始化程序：

```
SIC:ANL   TMOD,#0FH      ;串行口始化子程序
    ORL   TMOD,#20H
    MOV   TH1,#0FDH
    MOV   TL1,#0FDH
    SETB  TR1
    MOV   IE,#90H
    MOV   SCON,#50H      ;工作方式 1 采用 10 位异步接收
    RET
```

（4）串行口中断子程序，该程序中加入不死机程序：

```
ZD: PUSH  ACC            ;中断子程序
    PUSH  00H
    PUSH  02H
    MOV   R0,#30H        ;首地址
    MOV   R2,#0BH        ;11 字节的 ASCII 码
LL1:ACALL LL2
    JB    F0,LL3
    NOP
    NOP
    MOV   @R0,A
    INC   R0
    DJNZ  R2,LL1
```

```
        POP     02H
        POP     00H
        POP     ACC
        NOP
        MOV     0FH, #33H
        RETI
LL2:    MOV     04H, #28H
LL4:    JNB     RI, LL6
        CLR     RI              ;清标志
        MOV     A, SBUF
        CLR     F0
        RET
LL6:    MOV     05H, #0AH
LL5:    DJNZ    R5, LL5
        DJNZ    R4, LL4
        SETB    F0
        RET
LL3:    POP     02H
        POP     00H
        POP     ACC
        RETI
        END
```

5. 显示电路

在本门禁系统中，使用串行静态显示方式，采用 74LAS164 作为静态显示器接口，P1.0 作为时钟，P1.4 作为显示数据输入。门禁系统中的串行显示电路如图 5.20 所示。

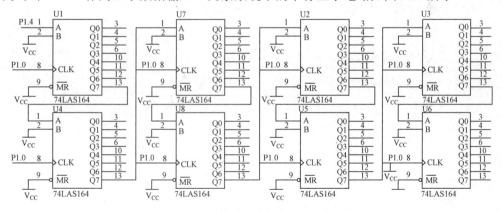

图 5.20 门禁系统中的串行显示电路

1）显示程序

（1）直接显示段码程序，将 20H～27H 中的段码从左到右显示出来。

```
        ORG     0000H
        LJMP    MAIN
```

```
        MAIN:   MOV   SP, #60H
                MOV   20H, #06H      ;段码送到显示缓冲区
                MOV   21H, #5BH
                MOV   22H, #4FH
                MOV   23H, #66H
                MOV   24H, #6DH
                MOV   25H, #7DH
                MOV   26H, #07H
                MOV   27H, #7FH
                LCALL ST             ;调显示子程序
                SJMP  $
        ST:     MOV   R0, #20H       ;显示子程序
                MOV   R2, #08H
        LP1:    MOV   R1, #08H
                MOV   A, @R0
        LP2:    RLC   A              ;带进位位左移
                MOV   P1.4, C
                CLR   P1.0
                SETB  P1.0
                DJNZ  R1, LP2
                INC   R0
                DJNZ  R2, LP1
                RET
                END
```

（2）把 10H 开始代码变成段码放到 20H 开始的单元中。

方法一：查表用"MOVC   A, @A+PC"指令。

```
                ORG   0000H
                LJMP  MAIN
                ORG   0100H
        MAIN:   MOV   SP, #60H
                MOV   10H, #01H      ;代码送到缓冲区
                MOV   11H, #02H
                MOV   12H, #03H
                MOV   13H, #04H
                MOV   14H, #05H
                MOV   15H, #06H
                MOV   16H, #07H
                MOV   17H, #08H
                LCALL XIANSHI        ;调用段码处理子程序
                LCALL ST             ;调显示子程序
                SJMP  $
        XIANSHI: MOV  R2, #08H       ;代码变段码子程序
```

```
                MOV    R0, #10H
                MOV    R1, #20H
        LP3:    MOV    A, @R0
                ADD    A, #06H
                MOVC   A, @A+PC      ;查表指令
                MOV    @R1, A
                INC    R0
                INC    R1
                DJNZ   R2, LP3
                RET
            DB  3FH,06H,5BH,4FH,66H,6DH,7DH,07H
            DB  7FH,6FH,77H,7CH,39H,5EH,79H,71H 00H
        ST:     MOV R0, #20H         ;显示子程序
                MOV R2,#08H
        LP1:    MOV R1,#08H
                MOV A,@R0
        LP2:    RLC A
                MOV P1.4, C
                CLR P1.0
                SETB P1.0
                DJNZ R1,LP2
                INC R0
                DJNZ R2,LP1
                RET
                END
```

方法二：查表用"MOVC A,@A+DPTR"指令。

```
                ORG  0000H
                LJMP MAIN
        MAIN:   MOV  SP, #60H
                PORT EQU 0155H
                LCALL ST
                SJMP $
        XIANSHI:MOV  R2, #08H
                MOV  R0, #10H
                MOV  R1, #20H
                MOV  DPTR, #PORT
        LP3:    MOV  A, @R0
                MOVC A, @A+DPTR      ;查表指令
                MOV  @R1, A
                INC  R0
                INC  R1
                DJNZ R2, LP3
```

```
              RET
      ST:     MOV   R0, #20H           ;显示子程序
              MOV   R2,#08H
      LP1:    MOV   R1,#08H
              MOV   A, @R0
      LP2:    RLC   A
              MOV   P1.4,C
              CLR   P1.0
              SETB  P1.0
              DJNZ  R1,LP2
              INC   R0
              DJNZ  R2,LP1
              RET
      PORT    3FH,06H,5BH,4FH,66H,6DH,7DH,07H
              7FH,6FH,77H,7CH,39H,5EH,79H,71H 00H
              END
```

（3）将压缩码变为非压缩码显示出来。

```
              ORG  0100H
      MAIN:   MOV  SP,#60H
              MOV  10H, #39H
              MOV  11H, #41H
              MOV  12H, #42H
              MOV  13H, #43H
              MOV  14H, #44H
              MOV  15H, #45H
              MOV  16H, #46H
              MOV  17H, #38H
              LCALL ASC
              LCALL XIANSHI            ;调代码变段码子程序
              LCALL ST                 ;调显示子程序
              SJMP $
      ASC:    MOV  R2,#08H
              MOV  R0,#10H
              MOV  R1,#20H
      LP4:    MOV  A, @R0
              ANL  A, #0FH
              MOV  @R1, A
              INC  R1
              MOV  A, @R0
              SWAP A
              ANL  A, #0FH
              MOV  @R1, A
```

```
        INC    R0
        INC    R1
        DJNZ   R2, Lp4
        RET
XIANSHI:MOV    R2, #08H          ;代码变段码子程序
        MOV    R0, #10H
        MOV    R1, #20H
LP3:    MOV    A, @R0
        ADD    A, #06H
        MOVC   A, @A+PC          ;查表指令
        MOV    @R1, A
        INC    R0
        INC    R1
        DJNZ   R2, LP3
        RET
    DB  3FH,06H,5BH,4FH,66H,6DH,7DH,07H
    DB  7FH,6FH,77H,7CH,39H,5EH,79H,71H 00H
ST:     MOV    R0, #20H          ;显示子程序
        MOV    R2,#08H
LP1:    MOV    R1,#08H
        MOV    A,@R0
LP2:    RLC    A
        MOV    P1.4, C
        CLR    P1.0
        SETB   P1.0
        DJNZ   R1,LP2
        INC    R0
        DJNZ   R2,LP1
        RET
        END
```

2）卡号显示

ID 卡读出 11 字节的 ASCII 码，但要显示卡号，需要进行数值转换。

（1）ID 卡读出的 11 字节 ASCII 码放在以 30H 开始的单元中，先将 ASCII 码转换成十六进制数，因第 1 字节是包装头，不参与转换。其程序如下。

```
    LE:  MOV    R0, #30H         ;ASCII 码转换成十六进制数子程序
         MOV    R2, #0AH         ;10 字节
    LE4: MOV    A, @R0
         ACALL  LE1
         MOV    @R0, A
         INC    R0
         DJNZ   R2, LE4
         RET
```

```
    LE1: CJNE A, #40H, L13
         SJMP LE3
    L13: JC   LE2
         ADD  A, #09H
    LE2: ANL  A, #0FH
         CLR  C
         RET
    LE3: SETB C
         RET
```

（2）把上面转换的 10 字节的十六进制数，变成 5 字节的、压缩的十六进制数，30H 放最高位，34H 放最低位。

```
    LB:  MOV  A, 30H   ;装配压缩十六进制数子程序
         SWAP A
         ADD  A, 31H
         MOV  30H, A
         MOV  A, 32H
         SWAP A
         ADD  A, 33H
         MOV  31H, A
         NOP
         NOP
         MOV  A, 34H
         SWAP A
         ADD  A, 35H
         MOV  32H, A
         MOV  A, 36H
         SWAP A
         ADD  A, 37H
         MOV  33H, A
         NOP
         NOP
         MOV  A, 38H
         SWAP A
         ADD  A, 39H
         MOV  34H, A
         RET
```

（3）在（2）的程序中，30H～35H 字节是先高后低，而后面调用子程序需要先低后高，所以先要把 33H 单元中的内容送到 35H 单元中，即把 34H 和 35H 里 2 字节的、压缩的十六进制数变成 3 字节的、压缩的十进制数。

```
    LD:  MOV  35H, 33H  ;压缩十六进制数转换成压缩十进制数子程序
         MOV  R0, #34H
         MOV  R7, #02H
         MOV  R1, #28H
```

```
            LCALL  LD1
            RET
LD1:    MOV    A, R0
        MOV    R5, A
        MOV    A, R1
        MOV    R6, A
        MOV    A, R7
        INC    A
        MOV    R3, A
        CLR    
LD2:    MOV    @R1, A
        INC    R1
        DJNZ   R3, LD2
        MOV    A, R7
        MOV    B, #08H
        MUL    AB
        MOV    R3, A
LD3:    MOV    A, R5
        MOV    R0, A
        MOV    A, R7
        MOV    R2, A
        CLR    C
LD4:    MOV    A, @R0
        RLC    A
        MOV    @R0, A
        INC    R0
        DJNZ   R2, LD4
        MOV    A, R6
        MOV    R1, A
        MOV    A, R7
        MOV    R2, A
        INC    R2
LD5:    MOV    A, @R1
        ADDC   A, @R1
        DA     A
        MOV    @R1, A
        INC    R1
        DJNZ   R2, LD5
        DJNZ   R3, LD3
        RET
```

（4）把压缩的十进制数变成非压缩的十进制数，即变成代码，为显示卡号做准备。

```
L11:    MOV    R1,#10H
        MOV    R2,#03H
        MOV    R0,#28H
```

```
L12:    MOV   A, @R0
        ANL   A, #0FH
        MOV   @R1, A
        INC   R1
        MOV   A, @R0
        SWAP  A
        ANL   A, #0FH
        MOV   @R1, A
        INC   R0
        INC   R1
        DJNZ  R2, L12
        RET
```

(5) 把代码变成段码。

```
LF:     MOV   R2, #08H ;代码→段码
        MOV   R0, #10H
        MOV   R1, #20H
LF1:    MOV   A, @R0
        ADD   A, #06H
        MOVC  A, @A+PC
        MOV   @R1, A
        INC   R0
        INC   R1
        DJNZ  R2, LF1
        RET
    DB  3FH,06H,5BH,4FH,66H,6DH,7DH,07H
    DB  7FH,6FH,77H,7CH,39H,5EH,79H,71H
    DB  00H,40H,73H,03H,18H,23H,1CH,3DH,76H,0FH,1EH,38H
```

(6) 调显示子程序，采用串行显示方法，节省资源。

```
XSH:    MOV  R0, #20H  ;显示子程序
        MOV  R2, #08H
LP1:    MOV  R1, #08H
        MOV  A, @R0
LP2:    RLC  A
        MOV  P1.4, C
        CLR  P1.0
        SETB P1.0
        DJNZ R1, LP2
        INC  R0
        DJNZ R2, LP1
        RET
```

6. 非接触式 IC 卡门禁机电路

非接触式 IC 卡门禁机电路原理图如图 5.21 所示。

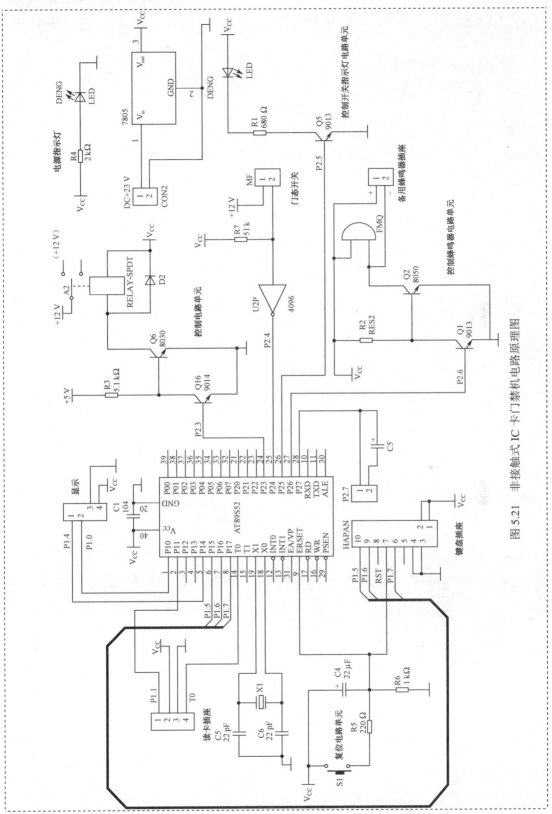

图 5.21 非接触式 IC 卡门禁机电路原理图

门禁系统程序主要包括读卡、数制转换、显示、合法卡比较、开锁、中断子程序、延时子程序等模块。

（1）显示子程序模块。

图 5.22 所示为显示子程序流程图。

显示子程序：

```
XSH:    MOV  R0, #20H
        MOV  R2, #08H
LP1:    MOV  R1, #08H
        MOV  A, @R0
LP2:    RLC  A
        MOV  P1.4, C
        CLR  P1.0
        SETB P1.0
        DJNZ R1, LP2
        INC  R0
        DJNZ R2, LP1
        RET
```

（2）门禁系统程序。

图 5.23 所示为门禁系统程序流程图。

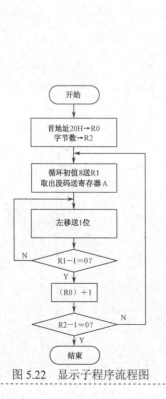

图 5.22　显示子程序流程图

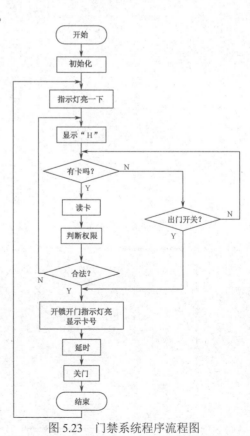

图 5.23　门禁系统程序流程图

门禁系统程序清单：

```
            ORG  0000H
            LJMP MAIN
            ORG  0023H
            LJMP ZD
            ORG  0300H
MAIN:       MOV  SP, #60H
            CLR  P2.5              ;关指示灯
            LCALL BEING            ;调显示"H"子程序
M1:         LCALL SIC              ;调串行口初始化子程序
L03:        MOV  A, 0FH            ;判断卡
            CJNE A, #33H, L03
            MOV  0FH, #00H
            MOV  17H, #10H
            ACALL L04E0            ;ASCII码转十六进制数子程序
            ACALL L04B0            ;调装配压缩十六进制数子程序
            ACALL L1234            ;调压缩十六进制数转压缩十进制数子程序
            ACALL L11              ;压缩→非压缩
            ACALL L120F            ;代码→段码子程序
            ACALL L1261            ;调显示子程序
            SETB P2.5              ;开锁子程序
            CLR  P2.3
            MOV  R5, #0FFH
L8:         DJNZ R5, L8
            LCALL DEL              ;延时10 s
            CLR  P2.6
            LCALL DEL
            SETB P2.6
            SETB P2.3
            CLR  P2.5
            JNB  P2.4, AL
            LJMP M1
AL:         CLR  P2.6
            LCALL DEL
            SETB P2.6
            RET
SIC:        MOV  TMOD, #20H        ;串行口初始化子程序
            MOV  TH1, #0FDH
            MOV  TL1, #0FDH
            SETB TR1
            MOV  IE, #90H
```

```
                MOV   SCON, #50H
                RET
ZD:             PUSH  ACC                  ;中断子程序
                PUSH  00H
                PUSH  02H
                MOV   R0, #30H
                MOV   R2, #0BH
LL1:            ACALL LL2
                JB    F0, LL3
                NOP
                NOP
                MOV   @R0, A
                INC   R0
                DJNZ  R2, LL1
                POP   02H
                POP   00H
                POP   ACC
                NOP
                MOV   0FH, #33H
                RETI
LL2:            MOV   04H, #28H
LL4:            JNB   RI, LL6
                CLR   RI
                MOV   A, SBUF
                CLR   F0
                RET
LL6:            MOV   05H, #0AH
LL5:            DJNZ  R5, LL5
                DJNZ  R4, LL4
                SETB  F0
                RET
LL3:            POP   02H
                POP   00H
                POP   ACC
                RETI
L04E0:          MOV   R0, #30H              ;ASCII码转十六进制数子程序
                MOV   R2, #0AH
L04E4:          MOV   A, @R0
                ACALL L04A0
                MOV   @R0, A
                INC   R0
```

```
            DJNZ  R2, L04E4
            RET
L04A0:      CJNE  A, #40H, L13
            SJMP  L04A0
L13:        JC    L04A9
            ADD   A, #09H
L04A9:      ANL   A, #0FH
            CLR   C
            RET
LE3:        SETB  C
            RET
L04B0:      MOV   A, 30H            ;装配压缩十六进制数子程序
            SWAP  A
            ADD   A, 31H
            MOV   30H, A
            MOV   A, 32H
            SWAP  A
            ADD   A, 33H
            MOV   31H, A
            NOP
            NOP
            MOV   A, 34H
            SWAP  A
            ADD   A, 35H
            MOV   32H, A
            MOV   A, 36H
            SWAP  A
            ADD   A, 37H
            MOV   33H, A
            NOP
            NOP
            MOV   A, 38H
            SWAP  A
            ADD   A, 39H
            MOV   34H, A
            RET
L1234:      MOV   35H, 33H          ;压缩十六进制数转压缩十进制数子程序
            MOV   R0, #34H
            MOV   R7, #02H
            MOV   R1, #28H
            LCALL L0D91
```

```
              RET
L0D91:  MOV   A, R0
        MOV   R5, A
        MOV   A, R1
        MOV   R6, A
        MOV   A, R7
        INC   A
        MOV   R3, A
        CLR   A
L0D99:  MOV   @R1, A
        INC   R1
        DJNZ  R3, L0D99
        MOV   A, R7
        MOV   B, #08H
        MUL   AB
        MOV   R3, A
L0DA3:  MOV   A, R5
        MOV   R0, A
        MOV   A, R7
        MOV   R2, A
        CLR   C
L0DA8:  MOV   A, @R0
        RLC   A
        MOV   @R0, A
        INC   R0
        DJNZ  R2, L0DA8
        MOV   A, R6
        MOV   R1, A
        MOV   A, R7
        MOV   R2, A
        INC   R2
L0DB3:  MOV   A, @R1
        ADDC  A, @R1
        DA    A
        MOV   @R1, A
        INC   R1
        DJNZ  R2, L0DB3
        DJNZ  R3, L0DA3
        RET
L11:    MOV   R1, #10H
        MOV   R2, #03H
```

```
            MOV    R0, #28H
L12:        MOV    A, @R0
            ANL    A, #0FH
            MOV    @R1, A
            INC    R1
            MOV    A, @R0
            SWAP   A
            ANL    A, #0FH
            MOV    @R1, A
            INC    R0
            INC    R1
            DJNZ   R2, L12
            RET
L120F:      MOV    R2, #08H          ;代码→段码
            MOV    R0, #10H
            MOV    R1, #20H
L12F:       MOV    A, @R0
            ADD    A, #06H
            MOVC   A, @A+PC
            MOV    @R1, A
            INC    R0
            INC    R1
            DJNZ   R2, L12F
            RET
DB     3FH, 06H, 5BH, 4FH, 66H, 6DH, 7DH, 07H
DB     7FH, 6FH, 77H, 7CH, 39H, 5EH, 79H, 71H
DB     00H, 40H, 73H, 03H, 18H, 23H, 1CH, 3DH, 76H, 0FH, 1EH, 38H
L1261:      MOV    R0, #20H          ;显示子程序
            MOV    R2, #08H
LP1:        MOV    R1, #08H
            MOV    A, @R0
LP2:        RLC    A
            MOV    P1.4, C
            CLR    P1.0
            SETB   P1.0
            DJNZ   R1, LP2
            INC    R0
            DJNZ   R2, LP1
            RET
BEING:      MOV    10H, #10H         ;显"H"子程序
            MOV    11H, #10H
```

```
              MOV  12H,#10H
              MOV  13H,#10H
              MOV  14H,#10H
              MOV  15H,#10H
              MOV  16H,#10H
              MOV  17H,#18H
              LCALL L120F
              LCALL L1261
              RET
       DEL:   MOV  R6,#0FFH          ;延时子程序
       Y2:    MOV  R7,#0FFH
       Y1:    DJNZ R7,Y1
              DJNZ R6,Y2
              RET
              END
```

7．训练步骤

（1）按图 5.21 装配完成门禁系统控制电路，并进行硬件调试及测试。　　（20分）

（2）输入源程序，编译、连接并进行调试。　　（40分）

（3）运行程序，观察运行结果。　　（20分）

（4）若需判断卡是否合法，如何修改程序？运行修改程序，观察结果。　　（20分）

8．成绩评定

小题分值	（1）20	（2）40	（3）20	（4）20	总分
小题得分					

练 习 题 5

一、填空题

1．远距离传输通常应采用_____通信。

2．PCON 寄存器中与串行通信有关的只有_____，该位为波特率倍增位。

3．当 SMOD=_____时，串行口波特率增加一倍；当 SMOD=_____时，串行口波特率为设定值。

4．若串行口传送速率是每秒 120 个字符，每个字符 10 位，则波特率是_____。

5．串行中断 ES 的中断入口地址为_____。

6．串行数据通信有_____、_____、_____几种数据通路形式。

7．串行通信有_____通信和_____通信两种通信方式。

8．在异步通信中，数据的帧格式定义一个字符由 4 部分组成，即_____、_____、_____、_____。

9．AT89S52 单片机中的串行通信共有_____种工作方式，其中工作方式_____

是用作同步移位寄存器来扩展 I/O 口的。

二、单项选择题

1. 串行口的移位寄存器工作方式为（　　）。
   A．工作方式 0   B．工作方式 1   C．工作方式 2   D．工作方式 3
2. 串行口的控制寄存器为（　　）。
   A．SMOD   B．SCON   C．SBUF   D．PCON
3. 帧格式为 1 个起始位、8 个数据位、1 个停止位的异步串行通信方式是（　　）。
   A．工作方式 0   B．工作方式 1   C．工作方式 2   D．工作方式 3
4. CPU 允许串行口中断的指令为（　　）。
   A．SETB EX0   B．SETB ES   C．SETB ET0   D．SETB ET1
5. 某异步通信接口的波特率为 4 800，则该接口每秒钟传送（　　）。
   A．4800 位   B．4800 字节   C．9600 位   D．9600 字节
6. AT89S52 系列单片机的串行口是（　　）。
   A．单工   B．全双工   C．半双工   D．并行口
7. 当采用中断方式进行串行数据的发送时，发送完一帧数据后，RI 的标志要（　　）。
   A．自动清 0   B．硬件清 0   C．软件清 0   D．软、硬件均可
8. 单片机和 PC 连接时，往往要采用 RS-232 接口，其主要作用是（　　）。
   A．提高传输距离   B．提高传输速度
   C．进行电平转换   D．提高驱动能力
9. 在工作方式 0 下，计数器是由 TH 的全部 8 位和 TL 的 5 位组成的，因此其计数范围是（　　）。
   A．1～8492   B．0～8191   C．0～8192   D．1～4096
10. 串行通信的传送速率单位是波特，而波特的单位是（　　）。
    A．字符/秒   B．位/秒   C．帧/秒   D．帧/分
11. 串行口控制寄存器 SCON 为 01H 时，工作于（　　）。
    A．工作方式 0   B．工作方式 1   C．工作方式 2   D．工作方式 3
12. 串行口工作在工作方式 0 时，可作为同步移位寄存器使用，此时串行数据输入输出端为（　　）。
    A．RXD 引脚   B．TXD 引脚   C．T0 引脚   D．T1 引脚
13. 利用串行方式（　　），外接移位寄存器，能将串行口扩展为并行输入、输出接口。
    A．0   B．1   C．2   D．3
14. 在数据传送过程中，数据由串行变为并行可通过（　　）实现。
    A．数据寄存器   B．移位寄存器   C．锁存器   D．A/D 转换器
15. 串行口每一次传送（　　）字符。
    A．1 个   B．1 串   C．1 帧   D．1 波特

三、判断题

1. 在异步通信中，波特率是指每秒传送二进制代码的位数，单位是 b/s。（　　）
2. 在 AT89S52 单片机中，串行通信方式 1 和方式 3 的波特率是固定不变的。（　　）

3. 在异步通信的帧格式中，数据位是低位在前、高位在后的排列方式。（   ）

4. 波特率反映了串行通信的速率。（   ）

5. 在 AT89S52 单片机和 PC 的通信中，使用芯片 MAX232 是为了进行电平转换。（   ）

6. 在 AT89S52 单片机中，读和写 SBUF 在物理上是独立的，但地址是相同的。（   ）

7. 并行通信的优点是传送速度高，缺点是所需传送线较多，远距离通信不方便。（   ）

8. 串行通信的优点是只需一对传送线，成本低，适合远距离通信，缺点是传送速度较慢。（   ）

四、简答题

1. 什么是通信？有几种通信方式？其工作方式的特点是什么？
2. 在串行通信时，定时器/计数器 T1 的作用是什么？怎样确定串行口的波特率？
3. 简述 AT89S52 单片机串行口通信的四种方式及其特点。
4. 波特率是如何定义的？单位是什么？

五、编程题

现用两个 AT89S52 单片机系统作为甲机和乙机进行双机通信。假设甲机和乙机相距很近。

甲机发送：发送片内 RAM 50H 为首地址单元的 20 个数据。

乙机接收：将接收到的数据存放在以片内 RAM 30H 为首地址的单元内。

要求：画出双机通信的硬件电路（甲机画出复位电路和晶振电路），计算时间常数，并编写发送和接收的子程序（f_{osc}=11.0592 MHz，SMOD=0，定时器 T1 工作于工作方式 2，波特率为 9600 bps）。

第 6 章 A/D 和 D/A 转换

学习目标

- 掌握 A/D 和 D/A 转换的概念；
- 掌握常用电路的使用原则；
- 熟练掌握 AT89S52 单片机外围芯片的扩展方法。

扫一扫看教学课件：A/D 和 D/A 转换

扫一扫看动画：IIC 总线时序

扫一扫看微课视频：IIC 总线时序说明

技能目标

- 能够利用 AT89S52 单片机和 A/D 典型芯片——ADC0809 制作一个简单的实用电路；
- 能够利用 AT89S52 单片机和 D/A 典型芯片——DAC0832 制作一个简单的实用电路。

扫一扫看本章测试卷题目

扫一扫看本章测试卷答案

项目任务 11　水塔液位高度检测

水塔中经常要根据水面的高低进行水位的自动控制,同时进行水位压力的检测和控制。要求设计一个具有液位检测、报警、自动上水和排水(上水用电机正转模拟、排水用电机反转模拟)、压力检测功能的液位控制器。该液位控制器主要由 AT89S52 单片机,ADC0809(作为 A/D 转换器)、A、B、C 三点液位检测电路,压力检测电路,数码显示电路,键盘和电源电路组成。

1．设备要求
(1) 装有 Keil μVision2 集成开发环境、编程器软件并可以在线下载软件的计算机。
(2) 液位控制器套件。
(3) 直流电源、通用编程器。

2．实施步骤
(1) 设计电机电路。
(2) 焊接、装配液位控制器。
(3) 检查电路正确无误后,通电进行硬件调试。
(4) 根据要实现的功能编写程序,并进行软件调试。
(5) 软、硬件统调,以实现液位控制器功能。

3．硬件电路分析
液位控制器主要由 AT89S52 单片机,ADC0809,A、B、C 三点液位检测电路,压力检测电路,数码显示电路,键盘和电源电路组成。三路传感器(三根插入水中的导线)检测液位的变化,AT89S52 单片机控制液位的显示及电泵的抽、放水,ADC0809 采集液位压力的变化并由数码管显示出来。

(1) 液位检测电路。
三路液位检测电路均采用简单的三极管检测电路来检测液位变化,将电平信号分别送入单片机。实际检测时,从 P3 端口焊接出 4 根导线,分别接 A、B、C 和 V_{CC} 的导线,将这 4 根导线放入水杯(模拟水塔)中,如图 6.1 所示。

(2) 压力检测电路。
该电路主要由 LM324 运算放大器组成测量放大器,放大器可分为前后两级。测量的模拟信号经过 ADC0809 转换为数字信号并传输给单片机,经单片机处理后送数码管显示。

液位控制器电路图如图 6.2 所示。

图 6.1　液位检测

4．电路功能介绍
(1) 液位检测的调试。
接通电源,改变液位使检测点变化,当液位在 A 点以下时,红灯连续亮并且发出频率较高的报警声,显示"00",电机正转;当 $A \leqslant$ 液位 $<B$ 时,显示"0A",电机正转;当 $B \leqslant$ 液位 $<C$ 时,显示"0B",电机不转;当液位在 C 点及以上时,绿灯连续亮并且发出报警声,显示"0C",电机反转。

(2) 按键电路调试。
按下按键 S2 切换到液位检测,按下按键 S3 切换到温度显示。

第6章 A/D 和 D/A 转换

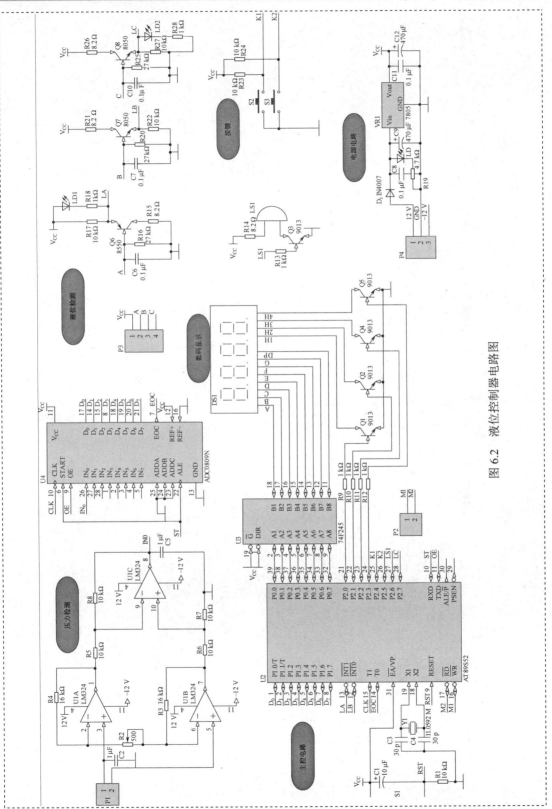

图 6.2 液位控制器电路图

5. 参考程序

```
wd          BIT    20H           ;水压标志
yw          BIT    21H           ;液位标志
shuid       BIT    22H           ;液位低标志
shuig       BIT    23H           ;液位高标志
alarmflag   BIT    24H           ;蜂鸣器报警标志
ST          BIT    P3.0          ;A/D转换控制
OE          BIT    P3.1          ;A/D转换器输出控制
EOC         BIT    P3.4          ;转换结束信号
CLK         BIT    P3.5          ;A/D转换时钟
M1          BIT    P3.6          ;电机控制
M2          BIT    P3.7          ;电机控制
SPK         BIT    P2.6          ;蜂鸣器控制
LA          BIT    P3.3          ;液位检测触点A
LB          BIT    P3.2          ;液位检测触点B
LC          BIT    P2.7          ;液位检测触点C
K1          BIT    P2.4          ;按键1（液位检测状态）
K2          BIT    P2.5          ;按键2（压力检测状态）

            ORG    0000H
            LJMP   START
            ORG    0100H
START:      MOV    SP,#70H       ;置堆栈
            CLR    M1            ;关闭电机
            CLR    M2
            SETB   yw            ;默认为液位检测状态
            CLR    wd
            CLR    SPK           ;蜂鸣器关闭
main:       LCALL  KEY           ;键盘操作处理
            LCALL  water         ;液位检测及处理
            LJMP   main
KEY:        JB     K1,KEY_2      ;判断是否按下按键S2
            LCALL  delay10ms     ;延时10 ms
            JB     K1,KEY_EXIT   ;再次判断，不是则退出
            SETB   yw            ;是按键S2，则置相应标志
            CLR    wd
            RET
KEY_2:      JB     K2,KEY_EXIT   ;判断是否按下按键S3
            LCALL  delay10ms
            JB     K2,KEY_EXIT   ;再次判断，不是则退出
```

```
                CLR   yw                    ;是按键 S3，则置相应标志
                SETB  wd
KEY_EXIT:       RET
    water:      JNB   LC,water_bc           ;液位超过 C 点
                LCALL delay10 ms            ;延时 10 ms
                JNB   LC,water_bc
                CLR   M1                    ;放水（电机反转）
                SETB  M2
                SETB  SPK
                ACALL delay10ms             ;延时 10 ms
                CLR   SPK
                MOV   P0,#00H               ;千位显示 0C
                MOV   P2,#31H
                LCALL delaydisp
                MOV   P0,#00H               ;百位
                MOV   P2,#32H
                LCALL delaydisp
                MOV   P0,#3FH               ;十位
                MOV   P2,#34H
                LCALL delaydisp
                MOV   P0,#39H               ;个位
                MOV   P2,#38H
                CLR   shuid                 ;置相应标志，表示液位过高
                SETB  shuig
                CLR   LB
                RET
    water_bc:   JB    LC,water_ab           ;液位是否处于 B、C 点之间
                JNB   LB,water_ab
                LCALL delay10ms             ;延时 10 ms
                JB    LC,water_ab
                JNB   LB,water_ab
                CLR   M1                    ;处于正常液位，电机不动作
                CLR   M2
                CLR   SPK
                MOV   P0,#00H               ;千位显示 0 B
                MOV   P2,#31H
                LCALL delaydisp
                MOV   P0,#00H               ;百位
                MOV   P2,#32H
                LCALL delaydisp
                MOV   P0,#3FH               ;十位
```

```
            MOV    P2,#34H
            LCALL  delaydisp
            MOV    P0,#7CH      ;个位
            MOV    P2,#38H
            CLR    shuid
            CLR    shuig
            CLR    LB
            RET
water_ab:   JB   LB,water_a     ;液位是否处于A、B点之间
            JNB  LA,water_a
            LCALL delay10 ms    ;延时 10 ms
            JB   LB,water_a
            JNB  LA,water_a
            SETB M1             ;上水（电机正传）
            CLR  M2
            MOV    P0,#00H      ;千位显示 0 A
            MOV    P2,#31H
            LCALL  delaydisp
            MOV    P0,#00H      ;百位
            MOV    P2,#32H
            LCALL  delaydisp
            MOV    P0,#3FH      ;十位
            MOV    P2,#34H
            LCALL  delaydisp
            MOV    P0,#77H      ;个位
            MOV    P2,#38H
            CLR    shuid
            CLR    shuig
            CLR    LB
            RET
water_a:    JB   LA,water_exit  ;液位是否处于A点之下
            LCALL delay10 ms    ;延时 10 ms
            JB   LA,water_exit
            SETB M1             ;上水（电机正传）
            CLR  M2
            SETB SPK
            ACALL  delay10 ms   ;延时 10 ms
            CLR  SPK
            MOV    P0,#00H      ;千位显示 00
            MOV    P2,#31H
            LCALL  delaydisp
```

```
                MOV   P0,#00H          ;百位
                MOV   P2,#32H
                LCALL delaydisp
                MOV   P0,#3FH          ;十位
                MOV   P2,#34H
                LCALL delaydisp
                MOV   P0,#3FH          ;个位
                MOV   P2,#38H
                SETB  shuid            ;置相应标志,表示液位过低
                CLR   shuig
                CLR   LB
 water_exit:    RET
 delay10 ms:    MOV   R6,#20           ;延时 10 ms 子程序
 delay10 ms_:   MOV   R5,#165
                DJNZ  R5,$
                DJNZ  R6,delay10 ms_
                RET
 delaydisp:     MOV   R6,#15           ;显示用延时
 delaydisp_:    MOV   R5,#165
                DJNZ  R5,$
                DJNZ  R6,delaydisp_
                RET
                END
```

6. 成绩评定

（1）压力检测电路工作正常。　　　　　　　　　　　　　　　　（15 分）
（2）液位检测电路工作正常。　　　　　　　　　　　　　　　　（15 分）
（3）主控电路工作正常。　　　　　　　　　　　　　　　　　　（20 分）
（4）显示电路工作正常。　　　　　　　　　　　　　　　　　　（15 分）
（5）键盘与电源电路工作正常。　　　　　　　　　　　　　　　（15 分）
（6）电机电路工作正常。　　　　　　　　　　　　　　　　　　（20 分）

小题分值	(1) 15	(2) 15	(3) 20	(4) 15	(5) 15	(6) 20	总分
小题得分							

项目训练 10　简易数字电压表的制作

设计并制作一台简易数字电压表,要求用 A/D 转换芯片 ADC0809 采集 0～5 V 连续可变的模拟电压信号,转变为 8 位的数字信号,送单片机处理,并在 2 个数码管上显示。

1．训练要求

（1）进一步掌握 A/D 转换的概念。

（2）进一步掌握 A/D 转换芯片的硬件接口电路。

（3）掌握模拟信号采集与输出数据显示等编程方法。

（4）进一步掌握显示程序的编写和调用方法。

2．训练目标

设计并制作一台简易数字电压表，要求用 A/D 转换芯片 ADC0809 采集 0～5 V 连续可变的模拟电压信号，转变为 8 位的数字信号，送单片机处理，并在 2 个数码管上显示。根据设计的要求，完成硬件电路的设计、软件编程。

3．工具器材

直流稳压电源、实验板、跳线、元器件等。

4．训练步骤

（1）组装电路。　　　　　　　　　　　　　　　　　　　　　　　　（20 分）

（2）画出完成该功能的流程图。　　　　　　　　　　　　　　　　　（20 分）

（3）根据流程图编写程序。　　　　　　　　　　　　　　　　　　　（30 分）

（4）先输入源程序，并进行编译，然后下载到实验板。　　　　　　　（20 分）

（5）观察运行结果。　　　　　　　　　　　　　　　　　　　　　　（10 分）

5．成绩评定

小题分值	（1）20	（2）20	（3）30	（4）20	（5）10	总分
小题得分						

6.1　A/D 转换电路

　　所谓模拟量，就是随时间连续变化的物理量，如温度、速度、电压、电流和压力等。这些被测参数，单片机无法直接处理，需要先把这些模拟量通过各类传感器和变送器变换成相应的模拟电量，然后经多路开关汇集送给 A/D 转换器，转换成相应的数字量送给单片机。

　　模拟量输入通道一般由传感器、放大器、多路模拟开关、采样保持器和 A/D 转换器组成，其结构形式取决于被测对象的环境，以及输出信号的类型、数量和大小等。

　　大信号模拟电压若能直接满足 A/D 转换输入要求，则可直接送入 A/D 转换器，经过 A/D 转换后再送入单片机，也可通过 V/F 转换成频率信号送入单片机。

　　对于小信号模拟电压，首先应将该信号电压放大，放大到能满足 A/D 转换、V/F 转换的要求。

　　以电流为输出信号的传感器或传感仪表首先应通过 I/V 转换，将电流信号转换成电压信号。最简单的 I/V 转换器就是一个精密电阻，当信号电流流过精密电阻时，其电压降与流过的电流大小成正比，从精密电阻两端取出的电压就是 I/V 转换后的电压信号。

6.1.1　A/D 转换的概念与技术指标

1．A/D 转换器的概念及分类

A/D 转换接口技术的主要内容是合理选择 A/D 转换器和其他外围器件,实现与单片机的正确连接及编制转换程序。

A/D 转换器是一种能把输入模拟电压或电流变成与其成正比的数字量的电路芯片,即能把被控对象的各种模拟信息变成计算机可以识别的数字信息。

A/D 转换器可以分为计数器式 A/D 转换器、双积分式 A/D 转换器、逐次逼近式 A/D 转换器和并行 A/D 转换器。

(1)计数器式 A/D 转换器结构很简单,但转换速度也很慢,因此很少采用。

(2)双积分式 A/D 转换器抗干扰能力强,转换精度很高,但转换速度不够理想,常用于数字式测量仪表中。

(3)逐次逼近式 A/D 转换器结构不太复杂,转换速度也快。在计算机中广泛采用其作为接口电路。

(4)并行 A/D 转换器的转换速度最快,但因其结构复杂而造价较高,故只用于那些对转换速度要求极高的场合。

2．A/D 转换器的技术指标

(1)量化误差(Quantizing Error)与分辨率(Resolution):A/D 转换器的分辨率表示输出数字量变化一个相邻数码所需输入模拟电压的变化量,习惯上以输出二进制位数或满量程(VFS)与 2^n 之比(n 为 ADC 的位数)表示。

例如,A/D 转换器 AD574A 的分辨率为 12 位,即该转换器的输出数据可以用 2^{12} 个二进制数进行量化,其分辨率为 1LSB(1LSB=VFS/2^{12})。如果用百分数来表示,其分辨率为

$$1/2^n \times 100\% = 1/2^{12} \times 100\% = 0.0244\%$$

一个满量程(1VFS=10V)的 12 位 ADC 能够分辨输入电压变化的最小值为 2.4 mV。

量化误差是由于有限数字对模拟数值进行离散取值(量化)而引起的误差。因此,量化误差理论上为一个单位分辨率,即±(1/2)LSB。提高分辨率可减少量化误差。

(2)转换精度(Conversion Accuracy):A/D 转换器的转换精度反映了一个实际 A/D 转换器在量化值上与一个理想 A/D 转换器进行模/数转换的差值,由模拟误差和数字误差组成。

模拟误差是比较器、解码网络中电阻值及基准电压波动等引起的误差。

数字误差主要包括丢失码误差和量化误差。丢失码误差属于非固定误差,由器件质量决定。

(3)转换时间与转换速率:A/D 转换器完成一次转换所需要的时间为 A/D 转换时间,是指从启动 A/D 转换器开始到获得相应数据所需的时间(包括稳定时间)。通常,转换速率是转换时间的倒数,即每秒转换的次数。

6.1.2　典型 A/D 转换集成芯片——ADC0809

扫一扫看微课视频：ADC 的基本概念和原理

ADC0809 是 8 位 8 通道逐次逼近式 A/D 转换器,采用 CMOS 工艺,可实现 8 路模拟信号的分时采集,片内有 8 路模拟选通开关,以及相应的通道地址锁存用译码电路,其转换时间为 100 μs 左右。

1. 芯片引脚

ADC0809 芯片为 28 引脚双列直插式封装,其引脚排列图如图 6.3 所示。

对 ADC0809 主要信号引脚的功能说明如下。

(1) $IN_0 \sim IN_7$:模拟量输入通道信号单极性,电压范围为 0~5 V,若信号过小,则需要进行放大。模拟量输入在 A/D 转换过程中,其值不应当变化,对变化速度快的模拟量,在输入前应增加采样保持电路。

(2) A、B、C 地址线。

其中,A 为低位地址,C 为高位地址,均为模拟通道的选择信号。在引脚排列图中为 ADDA、ADDB 和 ADDC,其地址状态与通道对应关系如表 6.1 所示。

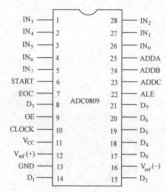

图 6.3 ADC0809 芯片的引脚排列图

表 6.1 地址状态与通道对应关系

C	B	A	选择的通道
0	0	0	IN_0
0	0	1	IN_1
0	1	0	IN_2
0	1	1	IN_3
1	0	0	IN_4
1	0	1	IN_5
1	1	0	IN_6
1	1	1	IN_7

(3) ALE:地址锁存允许信号。

对应 ALE 上跳沿时,A、B、C 地址状态送入地址锁存器中。

(4) START:转换启动信号。

START 处于上跳沿时,所有内部寄存器清 0;START 处于下跳沿时,开始进行 A/D 转换。在 A/D 转换期间,START 应保持低电平。本信号有时简写为 ST。

(5) $D_0 \sim D_7$:数据输出线。

$D_0 \sim D_7$ 为三态缓冲输出形式,可以和单片机的数据线直接相连。D_0 为最低位,D_7 为最高位。

(6) OE:输出允许信号。

OE 用于控制三态输出锁存器向单片机输出转换得到的数据。

OE=0,输出数据线呈高电阻。

OE=1,输出转换得到的数据。

(7) CLOCK:时钟信号。

ADC0809 的内部没有时钟电路,所需时钟信号由外界提供。通常使用频率为 500kHz 的时钟信号。

(8) EOC:转换结束信号。

EOC=0,正在进行转换。

EOC=1,转换结束。

在使用过程中该状态信号既可以作为查询的状态标志,又可以作为中断请求信号使用。

(9) V_{CC}：+5 V 电源。

(10) V_{ref}：参考电源。

参考电源主要用来与输入的模拟信号进行比较，作为逐次逼近的基准。其典型值为+5 V（V_{ref}(+)=+5 V，V_{ref}(−)=0 V）。

2. 单片机与 ADC0809 接口

单片机与 ADC0809 接口连接需解决 3 个问题。

（1）要给 START 线送一个 100 ns 宽的启动正脉冲，如图 6.4 和图 6.5 所示。

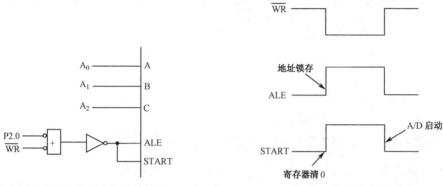

图 6.4　ADC0809 的部分信号连接图　　　图 6.5　信号的时间配合

（2）获取 EOC 引脚上的状态信息，它是 A/D 转换的结束标志，如图 6.6 所示。

（3）要经三态输出锁存器输出一个端口地址，也就是给 OE 引脚送一个输出转换得到数据的信号，如图 6.6 所示。

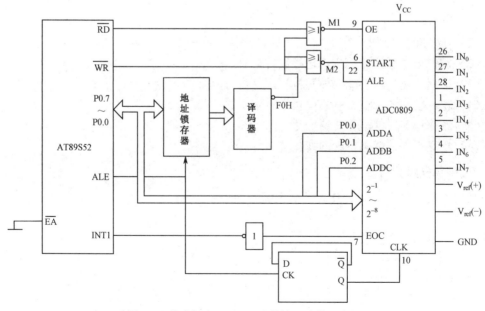

图 6.6　单片机和 ADC0809 的接口连接示意图

单片机和 ADC0809 接口连接通常可以采用定时传送、查询和中断三种方式。

（1）定时传送方式：对于每种 A/D 转换器，转换时间作为一项技术指标，是已知的和固定的，如 ADC0809 的转换时间为 128 μs。可以设计一个延时子程序，当启动转换后，CPU 调用该延时子程序或用定时器定时，延时时间或定时时间稍大于 A/D 转换所需时间。等时间一到，转换已经完成，就可以从三态输出锁存器读取数据。

特点：电路连接简单，但 CPU 费时较多。

（2）查询方式：采用查询方式就是将转换结束信号接到 I/O 口的某一位，或经过三态门接到单片机数据总线上。A/D 转换开始之后，CPU 就查询转换结束信号，即查询 EOC 引脚的状态：若它为低电平，表示 A/D 转换正在进行，则应当继续查询；若查询到 EOC 引脚变为高电平，则给 OE 引脚送一个高电平，以便从线上提取 A/D 转换后的数字量。

特点：占用 CPU 时间，但设计程序比较简单。

（3）中断方式：采用中断方式传送数据时，将转换结束信号接到单片机的中断申请端，当转换结束时申请中断，CPU 响应中断后，通过执行中断服务程序，使 OE 引脚变高电平，以提取 A/D 转换后的数字量。

特点：在 A/D 转换过程中不占用 CPU 的时间，且实时性强。

项目任务 12　设计一个小功率直流电机驱动电路

本任务要求用单片机控制一台小功率直流电机的运转速度。

1. 设备要求

（1）装有 Keil μVision2 集成开发环境、编程器软件并可以在线下载软件的计算机。

（2）AT89S52 单片机、DAC0832 芯片、直流电机及相关元器件。

（3）直流电源、通用编程器。

2. 实施步骤

（1）在多用板上按图 6.7 所示的电路图焊接、装配小电机驱动电路。

（2）检查无误后接通电源，进行硬件调试。

（3）根据要实现的功能，编写程序，并进行软件调试。

（4）软、硬件统调，并观察电机运转情况。

（5）改变程序，使电机转速变化。

（6）改变程序，使电机转向变化。

3. 硬件电路分析

驱动小功率直流电机的 D/A 转换电路图如图 6.7 所示。

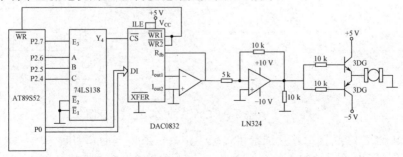

图 6.7　驱动小功率直流电机的 D/A 转换电路图

分析：要驱动小功率直流电机，使用单片机极为方便，其方法就是控制电机定子电压接通和断开时间的比值（占空比），以此来驱动电机和改变电机的转速，这种方法称为脉冲宽度调速法（简称脉宽调速法），如图 6.8 所示，其原理如图 6.9 所示。占空比与电机转速的关系如图 6.10 所示。

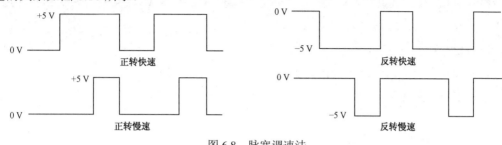

图 6.8 脉宽调速法

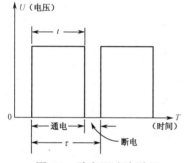

图 6.9 脉宽调速法原理

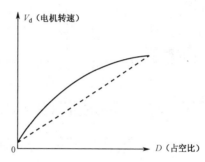

图 6.10 占空比与电机转速的关系

电压变换周期为 T，电压接通时间为 t，则占空比 $D=t/T$。设电机固定接通电源时的最大转速为 V_{max}，则用脉冲宽度调速的电机转速为：

$$V_d = V_{max} \times D$$

由图 6.10 可以看出，实际上 V_d 与 D 并不完全是线性关系（如图 6.10 中实线所示）的，但可以近似地看成线性关系，为此我们可以采用控制加电脉冲宽度的办法来驱动电机并调节其转速。

4．参考程序

按图 6.7 所示的电路进行连接，DAC0832 输入寄存器的地址为 9000H，则 AT89S52 单片机的电机驱动程序清单如下。

```
        ORG 0000H
        AJMP    DAMOT
        ORG     08100H
DAMOT:  MOV     DPTR,#9000H     ;输入寄存器地址
        MOV     A,#80H
        MOVX    @DPTR,A         ;输出 0 V 电平
        ACALL   DELAY1          ;维持 0 V 电平
        MOV     A,#0FFH
        MOVX    @DPTR, A        ;输出+5 V 电平
```

```
         ACALL     DELAY2                    ;维持+5 V 电平
         AJMP      DAMOT
```

说明：按上述程序，改变延时子程序的延迟时间就可以改变电机的转速。如把第二次转换的数值从 0FFH 改为 00H，则输出脉冲的极性改变（0～－5 V），从而也就改变了电机的转向。

5．成绩评定

（1）焊接、装配小电机驱动电路。　　　　　　　　　　　　　　　　　（35 分）
（2）电机正常运转。　　　　　　　　　　　　　　　　　　　　　　　（25 分）
（3）实现电机转速变化。　　　　　　　　　　　　　　　　　　　　　（20 分）
（4）实现电机转向变化。　　　　　　　　　　　　　　　　　　　　　（20 分）

小题分值	（1）35	（2）25	（3）20	（4）20	总分
小题得分					

项目训练 11　简易波形发生器的设计与制作

设计并制作一台简易波形发生器，要求在示波器上显示方波、三角波等。

1．训练要求

（1）进一步掌握 D/A 转换的概念。
（2）掌握 D/A 转换芯片在单片机系统中的设计方法。
（3）进一步掌握 D/A 转换芯片在单片机系统中的编程方法。
（4）进一步掌握显示程序的编写和调用方法。

2．训练目标

设计并制作一台简易波形发生器，要求利用单片机和 DAC0832 组成波形发生器硬件电路系统，先编制应用程序，下载并调试，然后在示波器上显示出来。根据设计的要求，完成硬件电路的设计及软件编程。

3．工具器材

直流稳压电源、示波器、实验板、跳线、元器件等。

4．训练步骤

（1）组装电路。　　　　　　　　　　　　　　　　　　　　　　　　　（20 分）
（2）画出完成功能的流程图。　　　　　　　　　　　　　　　　　　　（20 分）
（3）根据流程图编写程序。　　　　　　　　　　　　　　　　　　　　（30 分）
（4）输入源程序，并编译、连接、下载到实验板。　　　　　　　　　　（20 分）
（5）观察运行结果。　　　　　　　　　　　　　　　　　　　　　　　（10 分）

5. 成绩评定

小题分值	（1）20	（2）20	（3）30	（4）20	（5）10	总分
小题得分						

6.2 D/A 转换电路

在以单片机为核心组成的测控系统中，单片机要通过后向输出通道输出控制信号，以实现对控制对象的控制操作。对于模拟量控制系统，需通过 D/A、F/V 转换，将信号转换成模拟量控制信号。

D/A 转换接口技术的主要内容是合理选择 D/A 转换器和其他有关器件，实现与 AT89S52 单片机的正确连接及编制转换程序。

6.2.1 D/A 转换器的概念与性能指标

1．D/A 转换器

D/A 转换器是一种能把数字信号转换成模拟信号的电子器件。在单片机测控系统中经常采用的是 D/A 转换器的集成电路芯片，称为 D/A 接口芯片或 DAC 芯片。

2．D/A 转换器的性能指标

（1）分辨率（Resolution）。

分辨率是指 D/A 接口芯片能分辨的最小输出模拟增量。输入数据发生单位数码的变化时，即 LSB（最低有效位）产生一次变化时，所对应的输出的模拟量的变化量。对于线性 D/A 转换器来说，其分辨率 Δ 与数字量的位数 n 的关系为：

$$\Delta = \frac{\text{模拟输出的满量程值}}{2^n}$$

在实际使用中，表示分辨率高低更常用的方法是采用输入量的位数，如满量程 10V 的 8 位 DAC 芯片的分辨率为 8 位。

$$\Delta = \frac{10\text{ V}}{2^8} = 39\text{ mV}$$

（2）转换精度（Conversion Accuracy）。

转换精度是指满量程时 DAC 的实际模拟输出量与理论值的接近程度，与 D/A 转换芯片的结构和接口配置电路有关。通常，DAC 的转换精度为分辨率的一半。

（3）失调误差。

失调误差是指输入数字量为 0 时，模拟输出量与理想输出量的偏差。偏差值的大小一般用 LSB 或具体偏差值表示。

6.2.2 典型 D/A 转换集成芯片——DAC0832

DAC0832 是微处理器完全兼容的、具有 8 位分辨率的 D/A 转换集成芯片，以其价格低廉、接口简单、转换控制容易等优点，在单片机应用系统中得到了广泛的应用。

1. DAC0832 的引脚

DAC0832 引脚图如图 6.11 所示。

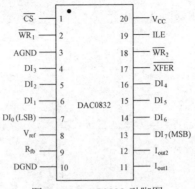

图 6.11 DAC0832 引脚图

其由 8 位输入锁存器、8 位 DAC 寄存器、8 位 D/A 转换电路及转换控制电路构成，为 20 脚双列直插式封装结构。各引脚信号说明如下。

（1）$DI_0 \sim DI_7$——转换数据输入。

（2）$\overline{CS}$——片选信号（输入），低电平有效。

（3）ILE——数据锁存允许信号（输入），高电平有效。

（4）$\overline{WR_1}$——第 1 写信号（输入），低电平有效。该信号与 ILE 信号共同控制输入寄存器是数据直通方式还是数据锁存方式。

当 ILE=1 和 $\overline{WR_1}$=0 时，为输入寄存器数据直通方式；当 ILE=1 和 $\overline{WR_1}$=1 时，为输入寄存器数据锁存方式。

（5）$\overline{XFER}$——数据传送控制信号（输入），低电平有效。

（6）$\overline{WR_2}$——第 2 写信号（输入），低电平有效。该信号与 $\overline{XFER}$ 信号合在一起控制 DAC 寄存器是数据直通方式还是数据锁存方式。

$\overline{WR_2}$=0 和 $\overline{XFER}$=0 时，为 DAC 寄存器数据直通方式；$\overline{WR_2}$=1 和 $\overline{XFER}$=0 时，为 DAC 寄存器数据锁存方式。

（7）I_{out1}——电流输出 1。当数据全为 1 时，输出电流最大；全为 0 时，输出电流最小。

（8）I_{out2}——电流输出 2。DAC 转换器的特性之一是 $I_{out1}+I_{out2}$=常数。

（9）R_{fb}——反馈电阻端。它是运算放大器的反馈电阻端，电阻已固化在芯片中。因为 DAC0832 是电流输出型 D/A 转换器，为得到电压的转换输出，使用时需在两个电流输出端接运算放大器 R_{fb}，即运算放大器的反馈电阻。运算放大器的接法如图 6.12 所示。

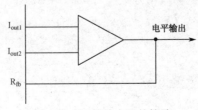

图 6.12 运算放大器的接法

（10）V_{ref}——基准电压,是外加高精度电压源。该电压可正可负,范围为-10 V～+10 V。

（11）DGND——数字地。

（12）AGND——模拟地。

2. DAC0832 内部结构

DAC0832 的内部结构框图如图 6.13 所示。

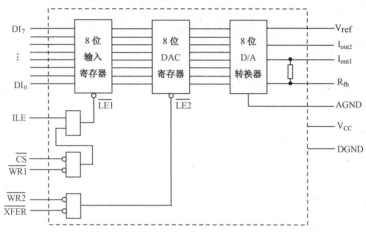

图 6.13　DAC0832 的内部结构框图

8 位输入寄存器用于存放 CPU 送来的数字量,使输入的数字量得到缓冲和锁存,由 $\overline{LE1}$ 控制。8 位 DAC 寄存器用于存放待转换的数字量,由 $\overline{LE2}$ 控制。8 位 D/A 转换器由 T 型电阻网络和电子开关组成,电子开关受 8 位 DAC 寄存器输出控制。

3. DAC0832 与 AT89S52 单片机的接口方式

1）单缓冲方式连接

所谓单缓冲方式,就是使 DAC0832 的两个输入寄存器中有一个（多为 DAC 寄存器）处于数据直通方式,而另一个处于受控的数据锁存方式。

应用场合：如果在只有一路模拟量输出,或虽是多路模拟量输出但并不要求同步的情况下,就可采用单缓冲方式。单缓冲方式接口电路如图 6.14 所示。

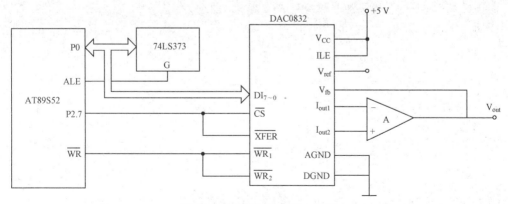

图 6.14　单缓冲方式接口电路

2)双缓冲方式连接

所谓双缓冲方式,就是把 DAC0832 的输入寄存器和 DAC 寄存器都接成受控锁存方式。双缓冲方式的接口电路如图 6.15 所示。

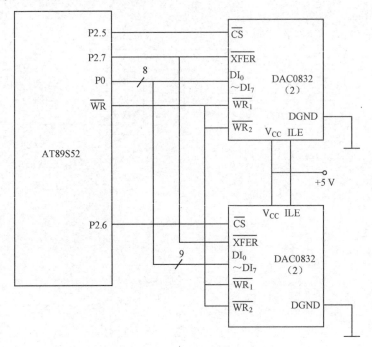

图 6.15 双缓冲方式的接口电路

应用场合:对于多路 D/A 转换接口,要求同步进行 D/A 转换输出时,必须采用双缓冲同步方式连接。

DAC0832 采用这种接法时,数字量的输入锁存和 D/A 转换输出是分两步完成的,即 CPU 的数据总线先分时向各路 D/A 转换器输入要转换的数字量,并锁存在各自的输入寄存器中,然后 CPU 对所有的 D/A 转换器发出控制信号,使各个 D/A 转换器输入寄存器中的数据送入 DAC 寄存器,实现同步转换输出。

P2.5 引脚和 P2.6 引脚分别选择两路 D/A 转换器的输入寄存器,控制输入锁存;P2.7 引脚连到两路 D/A 转换器的 $\overline{\text{XFER}}$ 端控制同步转换输出;AT89S52 的 $\overline{\text{WR}}$ 端与所有的 $\overline{\text{WR}_1}$ 和 $\overline{\text{WR}_2}$ 端相连。执行下面 8 条指令就能完成 D/A 的同步转换输出。

```
MOV  DPTR,#0DFFFH     ;指向 0832 (1)
MOV  A,#data1         ;data1 送入 0832 (1)中锁存
MOVX @DPTR,A
MOV  DPTR,#0BFFFH     ;指向 0832 (2)
MOV  A,data2          ;data2 送入 0832 (2)中锁存
MOVX @DPTR,A
MOV  DPTR,#7FFFH      ;给 0832 (1)、0832 (2)提供信号,同时完成 D/A 转换输出
MOVX @DPTR,A
```

练习题 6

一、判断题

1. ADC0809 是 8 位逐次逼近式 A/D 转换接口。（   ）
2. A/D 转换芯片 ADC0809 有 3 个模拟输入通道，其数字输出范围是 00H～FFH。（   ）
3. A/D 转换的精度不仅取决于量化位数，还取决于参考电压。（   ）
4. D/A 转换是指将随时间连续变化的模拟信号转换为计算机所能接受的数字量。（   ）

二、简答题

1. D/A 转换器有哪些主要性能指标？
2. A/D 转换和 D/A 转换的作用是什么？
3. A/D 转换的基本功能是什么？
4. 若 8 位 D/A 转换器的输出满刻度电压为+5V，则该 D/A 转换器的分辨率是多少？如果用 10 位 D/A 转换器，其分辨率又是多少？

附录 A 单片机最小系统开发平台部分模块图

本书采用的是天津电子信息职业技术学院教师自己开发的单片机最小系统开发平台，如图 A.1 所示，此平台采用开放式设计，4 个 I/O 口全部用排针引出，做实际项目时，自己设定 I/O 口、内存分配，用杜邦线连接，得到相应功能。

下面给出单片机最小系统开发板部分模块的原理图。

1. 开发板的核心模块

单片机最小系统开发板的核心模块如图 A.1 所示。

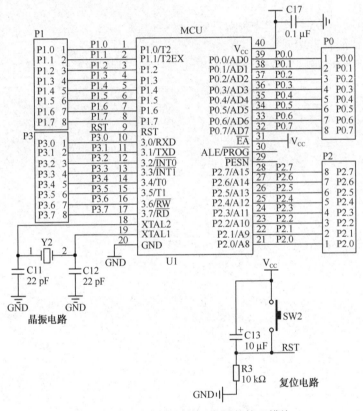

图 A.1 单片机最小系统开发板的核心模块

2. 发光二极管指示模块

发光二极管指示模块如图 A.2 所示。该模块采用 8 只发光二极管作为指示信号，既可以用排线来控制，也可以单个控制。

当控制信号（LED1~LED8）的某位为低电平时，发光二极管亮；为高电平时，发光二极管熄灭。RP1 为电阻排。

3. 数码显示模块

数码显示模块如图 A.3 所示。该模块采用 4 位数码管，控制数码管显示的数据分两部分：一部分为数码管等段的亮、灭控制信号；另一部分为控制位显示的控制信号。

附录A 单片机最小系统开发平台部分模块图

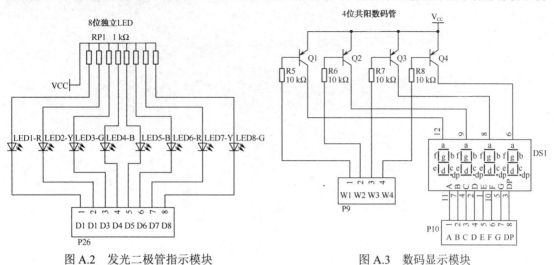

图 A.2 发光二极管指示模块　　　　图 A.3 数码显示模块

4. 键盘模块

键盘模块如图 A.4 所示，可以构成独立式键盘，用于使用按键较少的情况。

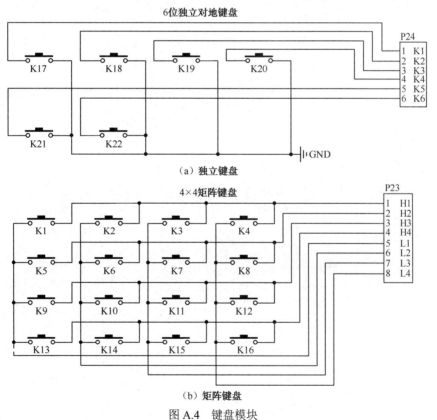

图 A.4 键盘模块

5. 电源模块

电源模块可以为主板上其他模块提供电源，如图 A.5 所示。

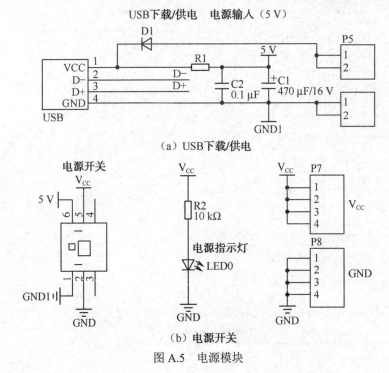

图 A.5　电源模块

6. RS-232 电平转换模块

RS-232 电平转换模块如图 A.6 所示，采用 U3-MAX232 芯片把 TTL 电平转换成 RS-232 电平格式，可以用于单片机与计算机通信，以及单片机与单片机之间的通信。

7. 蜂鸣器模块

蜂鸣器模块采用 LM386 芯片实现音频功率放大，音频信号由 J11 端口输入，由 LM386 的 5 脚输出，通过扬声器发出声音。

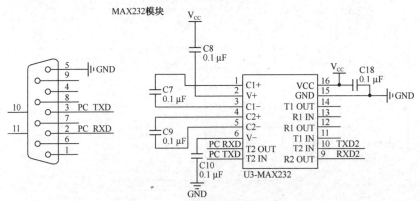

图 A.6　RS-232 电平转换模块

8. USB 下载模块

主板上提供了一个 USB 下载模块，如图 A.7 所示。

附录 A　单片机最小系统开发平台部分模块图

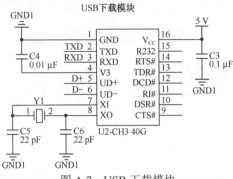

图 A.7　USB 下载模块

9．PCF8591 模块

I^2C 串行 8 位 A/D 和 D/A 转换 PCF8591 模块，如图 A.8 所示。

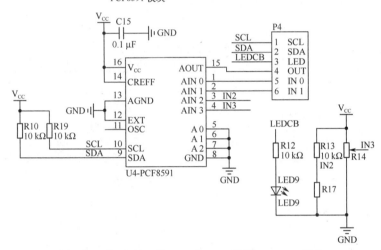

图 A.8　I^2C 串行 8 位 A/D 和 D/A 转换 PCF8591 模块

10．下载/通信跳线端子

P16 端子通过跳线选通下载或通信功能（见图 A.9）。

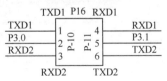

图 A.9　下载/通信跳线端子

附录 B ASCII 字符集

ASCII 字符集如附表 B.1 所示。

表 B.1 ASCII 字符集

低 位		高 位							
		0	1	2	3	4	5	6	7
		0000	0001	0010	0011	0100	0101	0110	0111
0	0000	NUL	DLE	SP	0	@	P	`	p
1	0001	SOH	DC1	!	1	A	Q	a	q
2	0010	STX	DC2	"	2	B	R	b	r
3	0011	ETX	DC3	#	3	C	S	c	s
4	0100	EOT	DC4	$	4	D	T	d	t
5	0101	ENQ	NAK	%	5	E	U	e	u
6	0110	ACK	SYN	&	6	F	V	f	v
7	0111	BEL	ETB	'	7	G	W	g	w
8	1000	BS	CAN	(	8	H	X	h	x
9	1001	HT	EM	)	9	I	Y	i	y
A	1010	LF	SUB	*	:	J	Z	j	z
B	1011	VT	ESC	+	;	K	[	k	{
C	1100	FF	FS	,	<	L	\	l	|
D	1101	CR	GS	-	=	M	]	m	}
E	1110	SO	RS	.	>	N	↑	n	~
F	1111	SI	US	/	?	O	↓	o	DEL

注：表中 ASCII 码为 0～31 的字符为控制字符，ASCII 码为 32～127 的字符为可打印字符。

表 B.1 中的符号说明如表 B.2 所示。

表 B.2 表 B.1 中的符号说明

符 号	说 明	符 号	说 明	符 号	说 明
NUL	空字符	FF	换页	ETB	信息传输结束
SOH	标题起始	CR	回车	CAN	取消
STX	起始	SO	移出	EM	媒体结束
ETX	文本结束	SI	移入	SUB	替换
EOT	传输结束	SP	空格	ESC	换码符
ENQ	询问	DLE	数据连接丢失	FS	文件分隔符
ACK	应答	DC1	设备控制 1	GS	组分隔符
BEL	报警符	DC2	设备控制 2	RS	记录分隔符
BS	退格	DC3	设备控制 3	US	单位分隔符
HT	水平制表	DC4	设备控制 4	DEL	删除
LF	纵向制表	NAK	否定接受	—	—
VT	垂直制表栏	SYN	同步闲置符	—	—

附录C AT89系列单片机指令集

AT89系列单片机指令系统所用符号和含义如下。

addr11：11位地址。
addr16：16位地址。
bit：位地址。
rel：相对偏移量，带符号的8位地址。
#data：8位立即数。
#data16：16位立即数。
direct：直接地址。
Ri：i=0或1，数据指针为R0或R1。
Rn：n=0～7，工作寄存器R0～R7。
A：累加器。
X：片内RAM中的直接地址或寄存器。
@：间接寻址方式，表示间接地址寄存器的符号。
(X)：在直接寻址方式中，表示直接地址X中的内容，在间接寻址方式中，表示间接寄存器X指出的地址单元中的内容。
→：数据传送方向。
∧：逻辑"与"。
∨：逻辑"或"。
⊕：逻辑"异或"。

表C.1 AT89系列单片机指令总表

符号	0	1	2	3	4	5	6, 7	8～F
0	NOP	AJMP addr11	LJMP addr16	RR A	INC A	INC direct	INC @Ri	INC Rn
1	JBC bit,rel	ACALL addr11	LCALL addr16	RRC A	DEC A	DEC direct	DEC @Ri	DEC Rn
2	JB bit,rel	AJMP addr11	RET	RL A	ADD A,#data	ADD A,direct	ADD A,@Ri	ADD A,@Rn
3	JNB bit,rel	ACALL addr11	RETI	RLC A	ADDC A,#data	ADDC A,direct	ADDC A, @Ri	ADDC A,@Rn
4	JC bit,rel	AJMP addr11	ORL direct,A	ORL direct, #data	ORL A, #data	ORL A, direct	ORL A,@Ri	ORL A,@Rn
5	JNC bit,rel	ACALL addr11	ANL direct,A	ANL direct, #data	ANL A, #data	ANL A, direct	ANL A,@Ri	ANL A,@Rn
6	JZ bit,rel	AJMP addr11	XRL direct,A	XRL direct, #data	XRL A, #data	XRL A, direct	XRL A,@Ri	XRL A,@Rn
7	JNZ bit,rel	ACALL addr11	ORL C,bit	JMP @A+DPTR	MOV A, #data	MOV direct,#data	MOV A,@Ri	MOV A,@Rn

续表

符号	0	1	2	3	4	5	6，7	8~F
8	SJMP rel	AJMP addr11	ANL C,bit	MOVC A,@A+PC	DIV AB	MOV direct, direct	MOV direct,@Ri	MOV direct,@Rn
9	MOV DRTR,#data16	ACALL addr11	MOV bit,C	MOVC A,@A+DPTR	SUBB A,#data	SUBB A, direct	SUBB A,@Ri	SUBB A,@Rn
A	ORL C,/bit	AJMP addr11	MOV C,bit	INC DPTR	MUL AB		MOV @Ri,direct	MOV @Rn,direct
B	ORL C,/bit	ACALL addr11	CPL bit	CPL C	CJNE A,#data,rel	CJNE A,direct,rel	CJNE @Ri,#data,rel	CJNE @Rn,#data,rel
C	PUSH direct	AJMP addr11	CLR bit	CLR C	SWAP A	XCH A,direct	XCH A,@Ri	XCH A,@Rn
D	POP direct	ACALL addr11	SETB bit	SETB C	DA A	DJNZ direct,rel	XCHD A,@Ri	DJNZ Rn,rel
E	MOVX A,@DPTR	AJMP addr11	MOVX A,@R0	MOVX A,@R1	CLR A	MOV A,direct	MOV A,@Ri	MOV A,Rn
F	MOVX @DPTR,A	ACALL addr11	MOVX @R0,A	MOVX @R1,A	CPL A	MOV direct,A	MOV @Ri,A	MOV Rn,A

表C.2 数据传送类指令一览表

十六进制代码	助记符	功　　能	字节数	机器周期
E8~EF	MOV A,Rn	Rn→A	1	1
F8~FF	MOV Rn,A	A→Rn	1	1
E6，E7	MOV A,@Ri	（Ri）→A	1	1
F6，F7	MOV @Ri,A	A→（Ri）	1	1
74	MOV A,#data	data→A	2	1
E5	MOV A,direct	（direct）→A	2	1
F5	MOV direct,A	A→（direct）	2	1
78~7F	MOV Rn,#data	data→Rn	2	1
75	MOV direct,#data	data→（direct）	3	2
76，77	MOV @Ri,#data	data→（Ri）	2	1
88~8F	MOV direct,Rn	Rn→（direct）	2	2
A8~AF	MOV Rn,direct	（direct）→Rn	2	2
86，87	MOV direct,@Ri	（Ri）→（direct）	2	2
A6，A7	MOV @Ri,direct	（direct）→（Ri）	2	2
85	MOV direct1,direct2	（direct2）→（direct1）	3	2
90	MOV DPTR,#data16	data16→DPTR	3	2
E2，E3	MOVX A,@Ri	（Ri）→A	1	2
F2，F3	MOVX @Ri,A	A→（Ri）	1	2
E0	MOVX A,@DPTR	（DPTR）→A	1	2

续表

十六进制代码	助 记 符	功 能	字节数	机器周期
F0	MOVX @DPTR,A	A→（DPTR）	1	2
93	MOVC A,@A+DPTR	（A+DPTR）→A	1	2
83	MOVC A,@A+PC	PC+1→C,（A+PC）→A	1	2
C8～CF	XCH A,Rn	A←→Rn	1	1
C6，C7	XCH A,@Ri	A←→（Ri）	1	1
C5	XCHD A,direct	A←→（direct）	2	1
D6，D7	XCHD A,@Ri	A0～A3←→（Ri）0～3	1	1
C4	SWAP A	累加器A高4位与低4位交换	1	1
D0	POP direct	（SP）→（direct），（SP－1）→SP	2	2
C0	PUSH direct	SP+1→SP，（direct）→（SP）	2	2

表C.3 算术操作类指令一览表

十六进制代码	助 记 符	功 能	字节数	机器周期
28～2F	ADD A,Rn	A+Rn→A	1	1
26，27	ADD A,@Ri	A+（Ri）→A	1	1
25	ADD A,direct	A+（direct）→A	2	1
24	ADD A,#data	A+data→A	2	1
38～3F	ADDC A,Rn	A+Rn+Cy→A	1	1
36，37	ADDC A,@Ri	A+（Ri）+Cy→A	1	1
34	ADDC A,#data	A+data+Cy→A	2	1
35	ADDC A,direct	A+（direct）+Cy→A	2	1
04	INC A	A+1→A	1	1
08～0F	INC Rn	Rn+1→Rn	1	1
05	INC direct	（direct）+1→（direct）	2	1
06，07	INC @Ri	（Ri）+1→（Ri）	1	1
A3	INC DPTR	DPTR+1→DPTR	1	2
D4	DA A	对累加器A进行十进制调整	1	1
98～9E	SUBB A,Rn	A－Rn－Cy→A	1	1
96，97	SUBB A,@Ri	A－（Ri）－CY→A	1	1
94	SUBB A,#data	A－data－Cy→A	2	1
95	SUBB A,direct	A－（direct）－Cy→A	2	1
14	DEC A	A－1→A	1	1
18～1F	DEC Rn	Rn－1→Rn	1	1
16，17	DEC @Ri	Ri－1→Ri	1	1
15	DEC direct	（direct）－1→（direct）	2	1
A4	MUL AB	A×B→AB	1	4
84	DIV AB	A/B→AB	1	4

表 C.4　逻辑运算类指令一览表

十六进制代码	助记符	功　能	字节数	机器周期
58～5F	ANL A,Rn	A∧Rn→A	1	1
56，57	ANL A,@Ri	A∧（Ri）→A	1	1
54	ANL A,#data	A∧data→A	2	1
55	ANL A,direct	A∧（direct）→A	2	1
52	ANL direct,A	（direct）∧A→（direct）	2	1
53	ANL direct,#data	（direct）∧data→（direct）	3	1
48～4F	ORL A,Rn	A∨Rn→A	1	1
46，47	ORL A,@Ri	A∨（Ri）→A	1	1
44	ORL A,#data	A∨data→A	2	1
45	ORL A,direct	A∨（direct）→A	2	1
42	ORL direct,A	（direct）∨A→（direct）	2	1
43	ORL direct,#data	（direct）∨data→（direct）	3	1
68～6F	XRL A,Rn	A⊕Rn→A	1	1
66，67	XRL A,@Ri	A⊕（Ri）→A	1	1
64	XRL A,#data	A⊕data→A	2	1
65	XRL A,direct	A⊕（direct）→A	2	1
62	XRL direct,A	（direct）⊕A→（direct）	2	1
63	XRL direct,#data	（direct）⊕data→（direct）	3	2
23	RL A	累加器 A 循环左移一位	1	1
33	RLC A	累加器 A 带进位循环左移一位	1	1
03	RR A	累加器 A 循环右移一位	1	1
13	RRC A	累加器 A 带进位循环右移一位	1	1
F4	CPL A	$\overline{A}$→A	1	1
E4	CLR A	0→A	1	1

表 C.5　控制程序转移类指令一览表

十六进制代码	助记符	功　能	字节数	机器周期
1	ACALL addr11	PC+2→PC，SP+1→SP，PCL→（SP），SP+1→SP，PCH→（SP），addr11→$PC_{10～0}$ 在 2KB 范围内绝对调用	2	2
1	AJMP addr11	PC+2→PC，addr11→$PC_{10～0}$ 在 2KB 范围内绝对转移	2	2
12	LCALL addr16	PC+3→PC，SP+1→SP，PCL→（SP），SP+1→SP，PCH→（SP），addr16→PC 在 2KB 范围内长调用	3	2

续表

十六进制代码	助记符	功　能	字节数	机器周期
02	LJMP addr16	addr16→PC，在2KB范围内长转移	3	2
80	SJMP rel	PC+2→PC，PC+rel→PC，相对短转移	2	2
73	JMP @A+DPTR	（A+DPTR）→PC，相对长转移	1	2
22	RET	（SP）→PCH，SP－1→SP，（SP）→PCL，SP－1→SP，子程序返回	1	2
32	RET1	（SP）→PCH，SP－1→SP，（SP）→PCL，SP－1→SP，中断返回	1	2
60	JZ rel	PC+2→PC，若A=0，则PC+rel→PC 累加器A为0转移	2	2
70	JNZ rel	PC+2→PC，若A≠0，则PC+rel→PC 累加器A非0转移	2	2
B4	CJNE A,#data,rel	PC+3→PC，若A≠data，则PC+rel→PC；若A<data，则1→Cy 累加器A与立即数不等转移	3	2
B5	CJNE A,direct,rel	PC+3→PC，若A≠(direct)，则PC+rel→PC；若A<(direct)，则1→Cy 累加器A与直接寻址单元不等转移	3	2
B8～BF	CJNE Rn,#data,rel	PC+3→PC，若Rn≠data，则PC+rel→PC；若Rn<data，则1→Cy 累加器A与立即数不等转移	3	2
B6～B7	CJNE @Ri,#data,rel	PC+3→PC，若Ri≠data，则PC+rel→PC；若Ri<data，则1→Cy RAM单元与立即数不等转移	3	2
D8～DF	DJNZ Rn,rel	Rn－1→Rn，PC+2→PC，若Rn≠0，则PC+rel→PC，寄存器减1不为0转移	2	2
D5	DJNZ direct,rel	PC+2→PC，(direct)－1→(direct)，若(direct)≠0，则PC+rel→PC 直接寻址单元减1不为0转移	3	2
00	NOP	空操作	1	1

表C.6　布尔变量操作类指令一览表

十六进制代码	助记符	功　能	字节数	机器周期
A2	MOV C,bit	bit→Cy	2	1
92	MOV bit,C	Cy→bit	2	1
C3	CLR C	0→Cy	1	1
C2	CLR bit	0→bit	2	1
B3	CPL C	$\overline{C_y}$→Cy	1	1
B2	CPL bit	$\overline{bit}$→bit	2	1

续表

十六进制代码	助记符	功能	字节数	机器周期
D3	SETB C	1→Cy	1	1
D2	SETB bit	1→bit	2	1
82	ANL C,bit	Cy∧bit→Cy	2	2
B0	ANL C,bit	Cy∧$\overline{\text{bit}}$→Cy	2	2
72	ORL C,bit	Cy∨bit→Cy	2	2
A0	ORL C,/bit	Cy∨$\overline{\text{bit}}$→Cy	2	2
40	JC rel	PC+2→PC，若 Cy=1，则 PC+rel→PC	2	2
50	JNC rel	PC+2→PC，若 Cy=0，则 PC+rel→PC	2	2
20	JB bit,rel	PC+2→PC，若 bit=1，则 PC+rel→PC	3	2
30	JNB bit,rel	PC+3→PC，若 bit=1，则 PC+rel→PC	3	2
10	JBC bit,rel	PC+3→PC，若 bit=1，则 0→bit，PC+rel→PC	3	2

参 考 文 献

[1] 王静霞．单片机应用技术：C 语言版[M]．4 版．北京：电子工业出版社，2019．

[1] 何立民．单片机高级教程[M]．北京：北京航空航天大学出版社，2000．

[2] 王幸之，等．AT89 系列单片机原理与接口技术[M]．北京：北京航空航天大学出版社，2004．

[3] 张齐，杜群贵．单片机应用系统设计技术[M]．北京：电子工业出版社，2004．

[4] 楼然苗，李光飞．51 系列单片机设计实例[M]．北京：北京航空航天大学出版社，2006．

[5] 李刚，等．新概念单片机教程[M]．天津：天津大学出版社，2004．

[6] 龚运新．单片机接口技术[M]．北京：北京师范大学出版社，2006．

[7] 何宏．单片机原理与接口技术[M]．北京：国防工业出版社，2006．

[8] 李忠国，陈刚．单片机应用技能实训[M]．北京：人民邮电出版社，2006．

[9] 李朝青．PC 机及单片机数据通信技术[M]．北京：北京航空航天大学出版社，2000．

[10] 刘守义．智能卡技术[M]．西安：西安电子科技大学出版社，2005．

[11] 董晓红．单片机原理与接口技术[M]．西安：西安电子科技大学出版社，2005．

[12] 林全新．单片机原理与接口技术[M]．北京：人民邮电出版社，2002．

[13] 赵全利，忽晓伟．单片机原理及应用[M]．北京：机械工业出版社，2019．